# 做人有学问

## 胡雪岩、曾国藩的成功秘密

张新民◎主编

九州出版社
JIUZHOUPRESS

**图书在版编目（CIP）数据**

做人有学问：胡雪岩、曾国藩的成功秘密/张新民主编. —北京：九州出版社，2009.10

ISBN 978－7－5108－0206－5

Ⅰ. 做…　Ⅱ. 张…　Ⅲ. 人生哲学－通俗读物　Ⅳ. B821－49

中国版本图书馆 CIP 数据核字（2009）第 180723 号

**做人有学问：胡雪岩、曾国藩的成功秘密**

作　　者　张新民　主编
出版发行　九州出版社
出 版 人　徐尚定
地　　址　北京市西城区阜外大街甲 35 号（100037）
发行电话　（010）68992190/2/3/5/6
网　　址　www. jiuzhoupress. com
电子信箱　jiuzhou@ jiuzhoupress. com
印　　刷　三河市三佳印刷装订有限公司
开　　本　710×1040 毫米　16 开
印　　张　15. 25
字　　数　150 千字
版　　次　2009 年 11 月第 1 版
印　　次　2009 年 11 月第 1 次印刷
书　　号　ISBN 978－7－5108－0206－5
定　　价　28. 00 元

# 序　言

“经商要学胡雪岩，做官要学曾国藩。”这句流传民间百年的谚语，深刻道出了红顶商人胡雪岩与一代名臣曾国藩在人们心中的崇高地位。胡雪岩和曾国藩的影响能如此之深远，在于他们在特定历史条件下所取得的巨大成就和做人做事的学问。

纵观胡雪岩的一生，他从一个出身贫寒、未熟读诗书的钱庄小伙计，赤手空拳在商界开辟出一片天地，既富且贵，成为名动天下的“红顶商人”，获得清廷特赐二品顶戴、赏黄马褂、准紫禁城骑马的殊荣。古有先秦陶朱公，近有晚清胡雪岩。胡雪岩在中国近代商业史上的地位，堪与中国古代商圣陶朱公范蠡相媲美。

大时代造就了胡雪岩。他虽生逢乱世，却结缘权贵，纳粟劝赈，左右逢源，既平步青云，又日进斗金。他眼光长远，灵活多变，仗义疏财，富不忘本，被左宗棠视为“旷世不遇的商贾奇才”。鲁迅先生评价胡雪岩为“中国封建社会最后一位商人”。此“最后”有三层含义：一是“集大成者”；二是“承前启后”；三是“不再出现”。这一定位充分体现了胡雪岩在商业史上地位的特殊性。

胡雪岩的一生是极为传奇而复杂的一生，开启了中国新式商人的先路。胡雪岩之所以能成功，就在于他有独到的做人做事理念。

曾国藩更是中国近代史上的一个异数。他本是湖南山村的一个穷书生，入京赴考后，中进士留京师，十年七迁，连升十级，三十七岁任礼部侍郎，官至二品。紧接着，曾国藩因母丧返乡，恰逢太平军兴起，他乘势在家乡建起了一支特别能战斗的湘军，出将入相，被封为一等勇毅侯，成为清代以文人而封武侯的第一人。

曾国藩历任两江总督、直隶总督，官居一品，死后被谥“文正”，被誉为晚清“中兴第一名臣”。清政府称他“忠诚体国，节劲凌霜”，甚至誉为“千古完人”，他的门生故吏更把他称为“德比诸葛，功过萧、曹，文章无愧于韩、欧，实为近百年来难得之圣贤”。

曾国藩的成功，是他对成功经验和教训一点一滴积累的结果。他将这些成功经验，或记在日记中时刻提醒自己，或写在家书、书信中教导子弟或朋辈，互勉共进。后人将这些文献汇集在一起，就是一套套生动而系统的成功指南。

中国现代史上两位著名人物——毛泽东和蒋介石都高度评价过曾国藩。毛泽东在青年时期，潜心研究曾氏文集，得出了“愚于近人，独服曾文正”的结论。蒋介石对曾国藩更是顶礼膜拜，认为曾国藩为人之道,“足为吾人之师资”。曾国藩的个人魅力，由此可见一斑。

一百多年过去了，尽管胡雪岩、曾国藩已经远离我们的时代，但是他们传奇的一生给我们留下了无数的做人学问，这些学问是他们历经商场、官场磨难之后精心提炼出来的，是他们对人生成败得失的一种深刻总结。这些学问，对于今天那些想要建功立业的人来说，是值得参考和借鉴的。如果我们能像胡雪岩、曾国藩一样学会做人，既知道自己的不足，又明白别人的长处，知道自己可以干什么，明白自己的能力有多大，那么我们的成功也就指日可待了！

# 目 录

## 上篇　大清出了个胡雪岩

### 第一章　这个男人了不得

一个出身贫寒的农家少年，一个一度落魄的钱庄伙计，却成为当时中国最有钱的富商巨贾，慈禧太后亲自赐他黄袍马褂，世人称颂他为“红顶商人”！这个了不得的清朝男人，之所以能获此殊荣，其实正是因为他从小就志存高远，且能矢志不渝！事实证明，从某个角度讲，志向决定了一个人的一生！



### 第二章　一个成功者，断然离不开形形色色的贵人相助

一个成功者，断然离不了形形色色的贵人的协助。很多人都把能改变自己命运的贵人寄托在那些大人物身上，但胡雪岩不这么想。在他看来，不仅那些大人物，一些势微力单、名不见经传的小人物也可充当贵人，令一个人迅速成长起来！胡雪岩的智慧便在于此。

所不具备的，同时，这也是胡雪岩战胜所有竞争对手、傲视商海的秘密武器！



## 第五章　做事先做人，商道其实就是人道
——胡雪岩的圆融之道

胡雪岩认为“商道即人道”，做生意首先要学会做人。一个人品好的商人，既得人缘，又得生意。为人忠厚、人情通达、眼光敏锐、手腕灵活、富有人情味和豪侠气，这就是胡雪岩做人的成功之道，同时，也是胡雪岩经商的成功之道！



## 第六章　富可敌国——做生意的秘诀

胡雪岩说：“我这是在铜钱眼里翻跟头！”胡雪岩认为，最高明的赚钱方法，要有两大要义：(1)要光明正大地从别人口袋里取来银子；(2)必须让对方是心甘情愿地让你去取！那么，胡雪岩具体又是怎么赚钱的？又是如何赚到别

志！很多人认为自己没有靠山、没有财富、出身平平、碰不到好机遇，但是曾国藩就是在这种情况下做出惊天伟业的。这值得我们每个人深思一番！



## 第九章 藏露——曾国藩升职记

曾国藩是最被推崇的政治人物。他升官最快，十年七迁，三十七岁即官居二品，在清朝绝无第二；他做官最好，举世推崇，与他合得来和合不来的人都对他没话说；他做官最稳，历尽宦海风波，进进出出却能安然无恙。有人称之为“天下第一完人”，曾国藩的确是每一个从政人士的楷模！



## 第十章 龙蛇屈伸，机遇留给有准备的人

曾国藩能在乱世中崛起并名扬天下，最重要的原因就是因为他懂得借水生势、水涨船高，在太平天国暴动的危难之际，乘势而起，这是时代赋予他的大好时势和机遇。一个人要想功成名就，其实只要抓住一次大的机

遇就可以了，曾国藩就是运用“龙蛇屈伸”之法，抓住这个机会，从而使自己成为晚清乱世的一代枭雄！



## 第十一章　流血的仕途：官场就是战场

曾国藩的成功之路，其艰辛不可想象，他以文官的身份领兵，吃过很多败仗，有几次差点自杀，且当时官场人士排挤他，朝廷不信任他，家庭内部也是多事之秋，但是他最终“屡败屡战”，他会忍耐、会坚持、会等待、会避让，最终成为了晚清最了不起的政治人物！事实上，这个政治人物的成功历程中富含了极其深刻的人生哲理！



## 第十二章　血诚待人、知人善用——曾国藩的领导艺术

曾国藩认为“大厦非一木所能支撑，大业乃凭众人智慧完成”，同时，他也是这么做的，他自己成功，也让别人成功；他自己发达，也带给别人发达。仅

国藩的不凡智慧，实为千古模范！

# 上　篇

## 大清出了个胡雪岩

胡雪岩，字光墉，1823年生于清徽州绩溪的一个小村子里。小时家境贫寒，经人推荐进城做学徒，后来因勤劳踏实成了钱庄的伙计。二十岁时义气资助落魄书生王有龄（后来成为浙江巡抚），为自己找到了第一个靠山。1862年，他又攀上了后来位高权重的左宗棠，从出身贫寒的农家子弟，成为当时中国最有钱的巨商富贾。慈禧太后赐他二品顶戴和黄袍马褂，被人们称为“红顶商人”。胡雪岩的一生成为传奇故事，民间口口相传，流传甚广。

做生意要先学会做人。在做生意方面，胡雪岩具备一名成功商人最重要的素质，即为人忠厚，人情通达，眼光敏锐，手腕圆活，富有人情味和豪侠气，加上办事勤快，能言善道，作为一代红顶商人，胡雪岩叱咤商场，书尽人间风流。更令后人称道的是他富而不忘本，深谙钱财的真正价值，乐善好施，做出众多义举，善名远播。

胡雪岩在商场上纵横几十年，是成功商人的杰出典范，其为人处世和商场风范是当今人们学习的重点。

# 第一章 | 这个男人了不得

一个出身贫寒的农家少年，一个一度落魄的钱庄伙计，却成为当时中国最有钱的富商巨贾，慈禧太后亲自赐他黄袍马褂，世人称颂他为“红顶商人”！这个了不得的清朝男人，之所以能获此殊荣，其实正是因为他从小就志存高远，且能矢志不渝！事实证明，从某个角度讲，志向决定了一个人的一生！

## 二十几岁，立志做第一流的人

明清以来，从闭塞贫穷的安徽徽州地区走出一个令人仰视的徽商群落，它开辟了短暂而辉煌的崭新时代，铸就了封建社会晚期的商业奇迹。胡雪岩便是其中一个出色的代表。

成功人士与一般人的差别，就在于成功的人有远大的志向。换言之，成功是由远大志向推动起来的！事实证明：大凡有所成就的人，都是敢做好梦，敢立大志的人。所以，做人的第一件事就是立志。也就是要使自己振作起来，抖擞精神，给自己一个目标、一个方向。

没有志向，人生就没有方向。当你知道自己想要什么的时候，整个世界都会为你让路。人有时是自己观念的产物，你是一个什么样的人，首先在于你想成为一个什么样的人。比如，一个人从来没有想到要成为一个科学家，他也就不会按照成为一个科学家必备的素质要求自己、训练自己，也就很难成为科学家。

胡雪岩（1823—1885，字光墉）出生在安徽徽州，在这个多山的地区流传着一句“前世不修，生在徽州，十三四岁，往外一丢”。胡雪岩的祖上也是一个贫寒家庭，世代单纯的农耕生活，已经不足以养活众多的胡姓子孙，所以必须要“走出去”。身为长子的胡雪岩从穷山村到县城店铺做学徒，再到杭州“信和钱庄”打杂，不断地积累经验、增长见识。接着，胡雪岩慢慢介入钱庄的业务。但是，胡雪岩之所以能真正成为商人，是因为他知道，要经商必须有大树可靠，如他刚开始依靠的王有龄和后来依靠的左宗棠。后来，依靠当时的经营环境，胡雪岩将业务拓展到绝大部分农产品及军工产品，最终成为富甲天下的红顶商人。可以说，胡雪岩的一生正是中国晚清商业史上的一部传奇。

胡雪岩作为一名成功的大商人，他将中国传统商人应有的志向发挥到了极致。在胡雪岩的伙计生涯中，如果他安于现状，或许数年内便能积累一笔小家产，然后娶妻生子，安安稳稳度过一生。然而，胡雪岩是一个胸怀鸿鹄之志之人，是绝不甘心同他人一样庸庸碌碌终生的。他心怀建功立业之雄心，只是苦于身份卑贱，本钱太少，无法实现他远大的抱负，因此，他平素在众人面前总是笑容可掬，但是内心深处却时常郁郁寡欢。此时的胡雪岩，绝非无所作为，而是睁大了眼睛，在寻找机遇，寻觅能帮助他实现心中梦想的人。

在与人聊天的时候，胡雪岩说过：“说到我的志向，与众不同，我喜欢钱多，越多越好！”他围拢两手，做了个搂钱的姿势：“不过我有钱不是拿银票糊墙壁，看看过瘾就算，我有了钱要用出去！世界上顶痛快的一件事，就是看到人家穷途末路，无钱逼死英雄好汉，刚好遇到我身上有钱。”他做了个挥手斥金的姿态，仿佛真有其事地说：“拿去用！够不够？”这是何等的气势！

胡雪岩所从事的职业，是以充分发挥个人才智为特征的商业活动。成败利钝，全在一念之间，个人发挥的余地很大，客观上受掣肘的因素甚小，而且表现的方式也大为不同。胡雪岩能以钱庄学生的出身，发展到名震天下的红顶商人，其气度和眼光，近代商业史少有人与之比肩。胡雪岩的商业活动，对近代史的重大历史事件的走向发挥了重要影响。

胡雪岩在其经商活动中表现出了气吞山河的大志向、大气魄。他不断发展与官僚阶层、江湖势力、洋人及洋人买办、下层被管理者和下层百姓的关系；在商业经营范围上，不断扩展其钱庄业的覆盖范围，在丝业、典当业、药业方面也取得了很大的发展，终成富甲天下的红顶巨商。

纵观历史上有所成就的人，你会发现他们的人生转折点往往都是在二十几岁。胡雪岩也是在二十几岁的时候立志要做第一流的人。有此志向，并有敢想敢为的执著精神，大清朝才出了胡雪岩这个了不得的男人！如果你正处于二十几岁，那你现在一定要把握好人生的这个大好时机；如果你已在三十岁以上，那你更应该努力，人常说“三十而立”，很多人都在三十岁的年纪就有所事业了。虽然我们的步伐慢一点，但只要有志向，有方向，就像与兔子赛跑的乌龟，照样能取得胜利。

## 成功路漫漫，上下求索远

能做大事的人，必有过人之处。即便身处最底层，也始终目标明确、信心坚定、思维活跃，所以能够不断发现新机会，跑到别人前面。胡雪岩人称胡财神，但其成功之路却绝非一帆风顺。他的成功之路亦是一个漫长的忍耐的过程。

古人云："天将降大任于斯人也，必先苦其心智，劳其筋骨"，这绝对是亘古不变的真理。胡雪岩就是个有大理想的豪杰，他出身贫寒却不自怨自艾，怨天尤人，对于种种苦差事，他甘于忍耐，兢兢业业。

从小家境贫寒的胡雪岩先是在县城做伙计，几年后又来到杭州一家钱庄当学徒（杭州人称"学生子"），从扫地、倒夜壶开始。由于他聪明机敏，能言善道，颇受东家的信任。三年学成之后，便成为那家钱庄的一名得力助手，经常单独负责催款收账，从未出过纰漏。

虽然此时的胡雪岩还没有什么惊人之举，但他出众的经商处世的能力，应该是在这一时期所累积的。少年的胡雪岩就如同潜在深水中的蛟龙，静静地等待时机。最终，远大的志向和坚忍的意志使胡雪岩创造了商业上的辉煌。

世上不如意事十之八九。人在最低处时，只有一个办法，就是一定要忍住。机会未到时，静静等候；机会到来时，及时把握。有容人之量，忍一时是非，才能成就大事。"忍"可理解为持之以恒、能屈能伸、不计屈辱，有如潜龙在渊。能坚持做到底是很难的，好在胡雪岩的"忍"功也相当过人，英雄不怕出身低，最终做出了一番大事业。

世上无难事，只怕有心人。历史上出身低微而成就一番事业的人有很多。商朝国王武丁的宰相傅说从政之前是一名奴隶。由于虞、虢两地交界处是交通要道，因山涧的流水常常冲坏道路，奴隶们就在这里修路。傅说曾因发明“版筑法”而闻名遐迩。然而，他虽有才干，却无从施展。

商朝第二十二代君主武丁即位时，正逢西戎为患，朝政衰败。武丁为使国家振兴，便隐瞒王室身份，深入民间了解百姓疾苦，希望能找到一位能辅佐他的得力大臣。

有一次，他在建筑工地遇到奴隶傅说，他发现傅说虽出身寒微，却天性聪颖、好学不倦，对国家大事颇有见地。武丁很佩服他的才识，就与之结为好友。在与傅说相处的这段时间，武丁学到了不少治国的知识和本领，故有意提拔傅说为大臣。可傅说出身低贱，迅速擢升必然会引起贵族的极大不满，因此，武丁便假托“天命”，任用他为相。

后来，傅说果然不负期望，极尽文韬武略，辅佐武丁五十九年，将朝廷内外治理得井然有序。商朝国势再度兴盛，成为当时东方的一大强国。

每一个人的成功都有一个漫长的奋斗过程。成功的强者都是从风雨中走出来的。学会忍耐，是人生的必修课。在遭受灾难时需要坚忍，在享受幸福时更需要坚忍。当然，二者的坚忍方法是不一样的。在灾难时坚忍就是不被困难所压倒，用坚定的信仰忍受困苦、战胜逆境；在幸福时坚忍就是把财富用在正道上，不去犯罪，不傲慢自大。因此，大凡有抱负、有才华的人，要实现自己的目标，在无所作为的时候，总是能忍受等待的种种煎熬。忍是一种眼光和度量，是一种修养，也是一种才能。胡雪岩的发迹，取决于他能吃苦、能受委屈、从眼前做起、终成大事业的宝贵品质。

这个世界上，本来就没有唾手可得的财富。财富无处不在，但却无法捕捉到，就像空气一样。我们常会被远处的浮华诱惑，却不能顾及身边的机会，更不愿意从身边的每一件小事做起，这可能就是一个成功者与失败者的最大区别。

## 地低成海，人低成王——飞黄腾达前的艰苦准备

俗话说："人往高处走，水往低处流。"但是社会中的现状是鸟出头就被枪打，木出林会被风摧，人出众则被人"灭"。问题就在"出"字上。其实，"人往高处走"并没有错，"出头"有时也是必需的，但是关键要选对时机、挑对环境，并且做好了对出头后的结果的所有准备。如果选错了时机，准备得不充分，就好比鱼跃出了水，那等待你的可不就是厄运吗？三国时的著名才子杨修，就是因为不合时宜地抢出风头，结果赔上了性命。

杨修是曹营的主簿，思维敏捷，且敢于冒犯曹操。刘备亲自打汉中，惊动了许昌，曹操也率领四十万大军迎战。曹、刘两军在汉水一带对峙。曹操屯兵日久，进退两难，适逢厨师端来鸡汤。曹操见碗底有鸡肋，有感于怀，正沉吟间，夏侯惇入帐禀请夜间号令。曹操随口说："鸡肋!鸡肋!"人们便把这当作号令传了出去。杨修听说口令是"鸡肋"二字，便让随行军士收拾行装，准备归程。夏侯惇大惊，请杨修至帐中细问。杨修解释说："鸡肋者，食之无肉，弃之可惜。今进不能胜，退恐人笑，在此无益，来日魏王必班师矣。"夏侯惇也很信服，营中诸将纷纷打点行李。

曹操知道后，怒斥杨修造谣惑众，扰乱军心，便把杨修斩了。

然而，另一个同时期的名人贾诩据说比诸葛亮还要聪明，他一生做了许多大事，甚至还设计打败过曹操。但他做得最精彩的一件事就是他投降曹操后低调做人。作为一个从敌人阵营里投降过来的人，贾诩却是曹操所有谋士里下场最好的一位。

杨修和贾诩的故事值得我们深思。低调做人看似平淡，实则高深，参透其中的学问与智慧，就可做一个高明之人。

胡雪岩在社会磨炼中体会到低调做人是一种风度与气魄，是一种谋略与智慧，更是一种立世的姿态，一种安身立命的精神境界。低调做人，知进更知退，善争也善让，不张扬卖弄，能在昂首挺胸中前进，也可以在匍匐前行中实现蜕变，既可以明哲保身，也可以远离祸患。低调做人，无论在什么时候都是一种进可攻退可守的处世谋略。

低调做人是一种高明的韬光养晦之术，能够适时显露自己的锋芒，藏露得当。既可保全自己，也可展示自己；既可以拙示人，也可藏巧其中；既可外乱内整，也可内精外钝。不会率性而为，而是懂得随机应变。低调做人，既可以处逆，也可以处顺；既有处变不惊的胸怀，也有厚积薄发的魄力；既不会急于求成，也不会掉以轻心。

胡雪岩幼年家贫，只读过两年的书，并没有受过多久的教育，了不起就是读过《三字经》《千字文》等一些很基础的东西。从这里我们也看得出来，其实做人做事，只要一些很基本的东西就足够用了。太高深的学问，只是少数人受益，对多数人而言是没有用的。但是胡雪岩从小就知道一点——读书要明理。如果不明白其中的道理，读了也等于白读。因为死读书是没有用的，书读了以后，要去想通其中的道理，然后照里面的道理去做。做人做事都通道理，是胡雪岩成功的一大关键。

看看胡雪岩是怎样去把握自己的人生的：胡雪岩捡到了一大笔钱后还给了失主，失主觉得他人品好，所以要带他去杂粮行做事。胡雪岩就离开了母亲，去了杂粮行做学徒，老板交代的事情一丝不苟，没交代的事情也主动去做，从不抱怨，从不多说话，从不提报酬的多少，一门心思学东西。所以，老板非常喜欢他。

后来，大老板来粮行谈生意，可很快在粮行病倒了。胡雪岩热心地帮助他，照顾他直到痊愈为止，而别的伙计都躲得远远的。这个大老板病好后，非常感激胡雪岩，想让他给自己做事。胡雪岩就这样完成了“三级跳”，不过每一级都是扎扎实实的。

胡雪岩懂得出头要讲究实力，要讲究机会，要讲究环境，力不从心时不可勉强，时机不到时不可勉强，环境不佳时不可勉强，否则就会因树大招风而给自己带来祸患。这是处世的大忌，也是做人的大忌。因此，低调做人能够富贵不张扬，得势不炫耀，能够不为名利所羁绊，不为金钱所惑，不为世事纷繁复杂遮住双眼；无论面对的是急流险滩，还是鲜花掌声，都能够保持一种低调的心境、博大的胸襟、睿智的情怀。

凡事保持低调，有时可以化剑拔弩张为平心静气，化狂风暴雨为和风细雨，化扑朔迷离为悄无声息。低调是一种做人的学问。低调做人，不是懦弱与放弃，而是隐忍和收敛，是一种安身立命的精神境界，能够在高低上下之间找到恰当的平衡点，能够在进退藏露中实现人生目标与理想。

胡雪岩能够在低调中修炼自己，寻找机会，能够在不显山、不露水之中，成就宏图伟业。这一点，是值得我们认真学习的。

## 不可不露其才华，不可外露其锋芒

胡雪岩出身贫寒，但他在钱庄做学徒的时候，一直都奉行这个原则：人要谨慎地做，事要大胆地干。人最怕非议和树敌，因此，还是小心谨慎比较可靠。胡雪岩对这一点深有感触，他说："不招人妒是庸才，可以不招妒而自己做得招妒，那就太傻了。"无论在他如日中天的时候还是衰落时期，他都非常注意自身的言行，避免锋芒太露，从而树敌。

胡雪岩在火腿行做伙计时，跟很多杭州的钱庄都有业务往来，于是胡雪岩终于有机会亲眼看见了以后影响他一生的东西——银票。从此，胡雪岩对银票产生了极大的兴趣。他暗下决心，我一定要到钱庄里去当学徒。一般人有了这样的想法，可能就会直截了当地去问：你们那里需要学徒吗？我能不能去呀？但胡雪岩虽然心里有此打算，却没有开口，这是他很了不起的地方。因为一开口你就求人，如果对方不同意，不但会很尴尬，还会得罪原来的老板。胡雪岩非常谨慎，没有直接问，而是碰见钱庄前来收账的人，总是问长问短：你们钱庄有没有学徒啊？他们都学些什么啊？都做些什么事啊？他专问这些，对自己想去的事情却绝口不提。

此外，胡雪岩打听到钱庄的学徒要算钱算得很快、要算盘打得很熟、要写字写得很漂亮时，他便马上开始每天暗自练习心算和书法。因为用心，当然进步很快。胡雪岩很有心计，在与钱庄的人核对账目的时候，他都不用算盘，全靠心算报账，而且算得又快又准。钱庄的人自然很快注意到了他，称赞这个小孩子真是不得了，怎么算得这么快？这时他又拿起算盘，啪啪啪地一打，更快！这样一来，钱庄的人对他更加刮目相看。钱庄的人见胡雪岩又勤快又好学，不由跟胡雪岩的掌柜谈论起他来。掌柜把以前的事一说，客商觉得胡雪岩不光勤快好学，而且还拾金不昧，诚实守信，于是马上说：我们钱庄就是需要这样的人，你愿不愿意把他让给我呢？就这样，胡雪岩得到了到钱庄工作的机会。

人生在世，有招来灾祸的言语，有招来耻辱的行为，要建功立业，当然要格外谨慎。低调做人，虚心做事，慎而思之，勤而行之，远虑在先，就能近处无危。但在我们的生活当中，有这样一些人，他们并不一定没有才华，但却不能施展自己的才华，原因是太狂妄。没有多少人乐意信赖一个言过其实的人，更没有多少人乐意帮助一个出言不逊的人。狂妄之人，多是无礼之人；无礼之人，多是孤立之人。大凡具有大家风范的人，多具有谦逊的品德，而狂妄之人，骨子里实在是透着一股小家子气。最糟糕的要算是既狂妄又无能的人，狂妄使他什么都敢干，无能使他把什么都弄糟。从近处来说，狂妄会限制其发展；从远处来说，狂妄会断送其前程。

韩信为人孤芳自赏，狂傲不知收敛，行为不谨慎，前后反复，最终引来杀身之祸。趁机要挟过刘邦，是韩信招祸的主要原因之一。封赏是帝王自愿的，哪有被迫的？张良虽为三杰之一，却只要留地。他居功不傲，不贪图富贵，激流勇退，在刘邦心中留下了完美形象。萧何了解刘邦，穷惯了的人一旦有了钱，就怕别人盯着，更怕有才能的人盯着。所以他自损形象，把自己弄得胸无大志，只图财富，别无他求。刘邦这才放心，但还是抓了萧何几次。陈平聪明，一直在刘邦身边工作，即便剿灭诸侯时也是如此，刘邦被他救过好几次，比较放心。陈平可能还走了吕后路线，吕后最终没有吹枕边风，也没有加害陈平。陈平比较谨慎，善于让权，又善于表现，汉文帝也对他很放心。

俗话说："鼓空声高，人狂话大。"凡是狂妄的人，都是过高地估计自己，过低地估计别人。他们在口头上无所不能，评人论事谁也看不起，总是这个不行，那个也不行，只有自己最行；在他们眼里，自己完美无缺，别人一无是处。现实生活中，无知者狂妄，当然令人鄙夷，他们不懂天外有天、山外有山的道理，狂妄自大，总想出风头。殊不知，等待这些人的往往是摔大跟头。

## 天助自助之人，成功不能碰运气

天助自助者！对每个人来说，成功主要靠自己，运气只是客观条件。古今中外，任何社会都不会排斥有才之人。成功需要运气，但运气不是决定因素。对于努力之人，运气是机遇；对于坐吃山空者来说，运气是幻想，是不能长久的泡影。我们要相信：成功源于追求，运气源于奋斗。

胡雪岩经常说："做事不能碰运气，要想停当了再动手。"胡雪岩是一个智者，他有心眼，有心计，不瞎闯，不蛮干。做每件事都前思后想，深思熟虑，三思而后行，想出高招，不单凭勇气，凡事都借用巧妙的方法，灵活变通。

杭州被围之后，王有龄率军坚守孤城，终至粮草告罄，断粮达一月之久，城中军民开始时是将城中所存药材、南货，如黄精、枣栗、海参等尽做充饥之物，再后来就是吃糠，吃草根，吃树皮，最后甚至到了割尸充饥之地步。受王有龄之托，也是不忍城中军民受饥饿折磨，胡雪岩冒死出城，到上海买了一船救命粮，运至杭州外钱塘江面。无奈此时进城通道已完全断绝，城内城外相望却无法相通。在经历了三天漫长的等待之后，胡雪岩终于同意让陪他一起到杭州送粮的萧家骥冒险进城，向城中通个消息，看看能不能找到将粮抢进城去的办法。萧家骥出发之后，胡雪岩问他如何到对岸，如何进得杭州城去，遇到敌方又如何应付，等等。对于这些问题，萧家骥其实想都没想，以他的意思，这种情况下，只能见机行事，碰运气了。

但是，胡雪岩不同意这种观点，他对萧家骥说："这时候做事，不能说碰运气，要想停当了再动手。"胡雪岩为他筹划了细致的方案，才让他出发。这里说的"这时候"，自然不是指进行某项商业运作的时候，不过，胡雪岩所说的危急时刻"不能碰运气，要想停当了再动手"包含的道理，用于商业运作却也是极为恰当的。救命大米已历尽千难万苦，运至城外，决无无果而返之理。胡雪岩决定，必须冒这一次险。当时的情形是，城外的人对城内的情况一无所知，城内有重重围兵，抓住通风报信的人，定会予以重罚，甚至杀头，而被围的人此时也并不知道城外的情况。萧家骥在城中没有一个认识的人，又不能写个能够证明身份的文书、信函之类的东西带在身边，进了城也可能会被当成奸细，甚至来不及分辨就被拉出去杀头了。也就是说，萧家骥无论落入围兵之手，还是进得城去，应对稍有差错，都会性命不保，更不用说完成任务了。萧家骥此行，实乃吉凶难卜，结果也只能等到最后才能见分晓。这就如同一场赌局之中的押宝一样。此时，三思而后行是绝对必要的。

成功不能碰运气，很多人都想快速发达，但是却不明白做一切事都必须老老实实地努力才能有所成就。只要能够放弃投机取巧的心态，实实在在地做人做事，成功必定离你不远了。不要老是梦想中彩票，或把时间花在赌桌上。这些一夜之间发达的梦想，都是人们努力的绊脚石。记住：天下没有不劳而获的东西!

## 一万次心动不如一次行动

一个希望获得大成功的人，必须有大自信和大勇气。中国有句成语，叫做“谋事在人，成事在天”。这句成语，多少透露出中国人对于成败的宿命理解。胡雪岩把这句成语变成了“立志在我，成事在人”。应该说，也正是这一改，让我们看到胡雪岩身上具有的作为一个“一等一”的成功商人的好素质，即自信和勇气。

胡雪岩家境贫寒，周边的权贵关系也不多，为了养家糊口，在亲戚的推荐下，他先到县城当伙计，后到杭州的“信和钱庄”当学徒。他从扫地、倒夜壶等杂役干起，整整干了三年。在师满后，因为勤劳、踏实，嘴皮子能说而被钱庄东家看中，成为正式伙计。后来，“大伙”张胖子便经常安排胡雪岩单独出去负责催款收账。胡雪岩把业务也是打理得井井有条，于是又被安排分管主要从事联络客户、放款和兜揽存款业务的“外场”。

三年的学徒生涯，胡雪岩并没有甘心只做一名打杂的。在钱庄的日常业务往来中，胡雪岩发现钱庄的风险太小，风险小必然盈利不多，发展空间不大，他便在心中谋划着自己将来的发展大计。正是在这一时期，胡雪岩结识了日后对他有莫大帮助的王有龄，并与他结为患难之交。当时，官场中花钱捐官的风气盛行。王有龄的父亲曾是杭州的一名官员，他在官场活动，为儿子捐得一个浙江盐运使的官。当父亲在任职期间去世之后，因为没有了父亲这个靠山，王有龄对自己的前途很担忧，希望能进京再捐个小官。王有龄的父亲因为为官还算清廉，没给儿子留下几个钱，所以王有龄全家都滞留在杭州，筹措进京捐官的花费。

胡雪岩这时只是钱庄的小伙计，发现王有龄有大富大贵之相。通过与王有龄的攀谈，胡雪岩了解到王有龄的身世。王有龄虽然落泊，却出身官宦世家，胡雪岩认定此人将来定会发达。他敏锐地意识到，此人乃是自己跻身上流社会的绝好阶梯，所以他就有意识地与王有龄结交。在得知王有龄需要五百两银子来捐官后，他便私挪款项把钱借给了他。对于常人，这实在是一个难以下定的决心，然而胡雪岩毕竟不同于常人，他“知其不可为而为之，知其不可赌而赌之”，毅然决定借款给王有龄，资助他进京“投供”。胡雪岩一边将一沓银票塞到王有龄手上，一边继续说道:“王兄，这五百两债款乃小弟借给王兄以资‘投供’所用。”然后又从身上摸出十几两散碎银子交给王有龄,“这是我平素私下的积蓄之财，送给王兄，权作路费，请王兄收下。刚才是将银两换成银票，以便路上携带方便，还请王兄恕小弟迟到之失。祝王兄此去平步青云，前途无量。”

事后，胡雪岩倾力资助被众人视为落魄公子的王有龄事发，而被钱庄扫地出门。但不久，王有龄外放为官，喝水不忘掘井人。王有龄发达之后，想到是胡雪岩使他从杭州城一名落魄公子发迹，决意要好好报答自己的大恩人。王有龄听说胡雪岩当初为了帮他，把钱庄的差事丢了，生活没有着落，心里更觉有愧。几经周折，他终于在杭州城找到了胡雪岩。从此之后，胡雪岩依靠王有龄这棵大树，自立门户，并且开始在官与商之间如鱼得水，游刃有余，走上了官商的通途。

没有胡雪岩的拼力相助，王有龄或将永无出头之日；而没有王有龄的支持，胡雪岩也不可能在商场迅速崛起。胡雪岩在帮助王有龄的时候，并不能确定王有龄日后是否会发达，以他当时的处境，这一举动无异于一场令人惊诧的人生豪赌。然而，正是因为有了最初这一“知其不可赌而赌之”的举动，才有了让后世人瞩目的“红顶商人”。由此便可以看出胡雪岩是一个敢于冒险且善于冒险之人。

风险与成功是一对很好的朋友，它们一般都是携手而来，你中有我，我中有你。大凡成功者，都有着冒险的经历；大凡成大事、创大业者，都是勇于冒险者。要知道成功总是“躲藏”在风险之后，尽管人人都对成功心动不已，但是一万次心动都比不过一次敢于直面风险的行动，可以说一颗果敢决绝、敢于冒险的心，是一个成功者的内在动力！

# 第二章 | 一个成功者，断然离不开形形色色的贵人相助

一个成功者，断然离不了形形色色的贵人的协助。很多人都把能改变自己命运的贵人寄托在那些大人物身上，但胡雪岩不这么想。在他看来，不仅那些大人物，一些势微力单、名不见经传的小人物也可充当贵人，令一个人迅速成长起来！胡雪岩的智慧便在于此。

## 雪中送炭与冷庙烧香

李嘉诚将自己的成功经验总结为一句话："良好的品德是成大事的根基，成大事的机遇是靠遇到贵人。"谁是贵人？贵人，就是在我们成长的关键时刻给予我们帮助和指导的人。贵人不一定是比你权力大、地位高、财富多的达官显贵，在你的上司、同事、朋友、下属和竞争对手中也常常有你的贵人。或许，他们就是帮助你渡过难关、改变命运的人。

胡雪岩的成功离不开贵人们对他的帮助和扶持，在这方面，他有自己的独到体会。结交贵人，普通人大都将眼光放在当朝权

贵身上，很少有人注意那些人微权轻或大势已去之人。胡雪岩则不同，他交结官场，不仅“趋热门”，也“拜冷庙，烧冷灶”。“拜冷庙，烧冷灶”表现在胡雪岩喜欢结交、帮助一些暂时穷困潦倒而将来可能发迹的人物。这种“雪中送炭”的义举使得受助人感激不尽，而受助人一旦飞黄腾达了，施恩人就能得到意想不到的回报。

胡雪岩能够取得日后的成功，与他当初毅然资助落魄公子王有龄是分不开的。王有龄进京捐官成功之后，仕途一帆风顺，自然要报胡雪岩昔日之恩情。有了这个官场朋友，胡雪岩自然走上了官商结合之道，成就了一番大业。

胡雪岩是怎样认识王有龄的呢？王有龄祖籍福建，父亲客死杭州，从此家中生活每况愈下。闲着没事，他有时就去西湖边逛逛。有一次被胡雪岩看见，从此就注意上了他。胡雪岩发现王有龄印堂发亮，方面大耳，生得一副官相，但身上的褂子却打上了补丁，心想，这人到底是什么身份呢？当然，想知道这些，也不能冒昧地问。既然胡雪岩有了好奇心，他平时就特别留意。见到王有龄时，就有意和他套近乎，了解到王有龄父亲在世之日已经给他捐了个“盐大使”，只是父亲死后，家道中落，没有钱去打点上面的头头，所以至今仍然没有补缺。胡雪岩便大度地将他从别处收来的五百两银子，悉数借给了王有龄，叫他赶快北上进京去打点，好补上空缺。

此时，我们回头为胡雪岩想想，他擅作主张私自借款于王有龄，已自毁数年来苦心经营的钱庄前途，一家老小将生计无着，自己亦将穷困潦倒。然而胡雪岩仍能从容大度，真令人心生敬佩。难怪有人称胡雪岩为神人，单从此事看来，确实如此。

王有龄北上求官，走到山东就碰到了他的总角之交何桂清。

这何桂清原是王有龄家仆之子，因王有龄父亲见何桂清人很聪明，就命他与王有龄一起读书，后来两家各奔东西，断了音信。不想那何桂清以文章考取功名，成了穆彰阿的门人，少年得志，很快就当上了官。在何桂清的帮助下，王有龄当上了海运使。就在王有龄北上期间，胡雪岩因私自拿钱庄的钱资助王有龄，丢了饭碗，家境颇为艰难。王有龄官运亨通，饮水思源，对胡雪岩自是感激不尽，在各方面都给他提供方便，使得胡雪岩能够自立局面，开始了自己的生意。

胡雪岩的这一次“拜冷庙，烧冷灶”，奠定了他一生事业的基础。胡雪岩在未发迹时向人伸出援手，因而也为自己栽成了日后可以乘凉的“大树”。由此我们可以看出胡雪岩的远见卓识和不凡的处理手段。

胡雪岩开设阜康钱庄后不久，本钱虚弱，库存空洞，还是打肿脸充胖子的局面。这时浙江官场中藩司麟桂调职，由浙江藩司调为江苏省江宁藩司。麟桂在任时，亏空银子两万五千两，眼看交接在即，亏空要是不补，马脚立刻拆穿，前途就会受影响。于是，麟桂找上胡雪岩，托人传话，希望胡雪岩能挪借阜康钱庄银两，助他渡过难关，将来到江苏江宁上任之后，再奉还胡雪岩这笔钱款。按通常情况看，根据“人在人情在，人去人情坏”的原则办事，一般钱庄的普通老板大约会阳奉阴违一番，几句空话应付过去，不会真帮他这个忙。或者，就算肯出钱救麟桂之急，也是利上加利，活生生把那麟桂剥掉几层皮。胡雪岩则二话不说，以超低利率，悉数把钱贷给麟桂。这样做，令助手刘庆生有些不解，胡雪岩则说：“调度，调度，做生意讲究的就是调度。所谓调，就是调得动；所谓度，就是预算。生意要做得活络，有进有出，什么时候有银子进来，什么时候银子该用出去，要有计算。

银子调来调去，只要不至崩盘就可以。”

胡雪岩这一宝倒是押对了。尽管麟桂就要调走，但他临走前送了阜康钱庄三样礼物：一、找到名目，请朝廷户部明令褒扬阜康，这等于是浙江省政府请中央财政部，发个正字标记给阜康，不但在浙江提高阜康名声，将来京城户部和浙江省之间的公款往来，也会委托阜康钱庄办理汇兑；二、浙江省支援江苏省戡剿太平军的“协饷”，也委由阜康办理汇兑；三、将来江苏省与浙江省公款往来也归阜康经手。凭此一举，阜康钱庄真正站稳了脚跟。

很多人见到他人处境凄惨、苦苦支撑的时候，往往都是避而远之，生怕拖累自己。而胡雪岩却换了个角度来看待这个问题：往往越是这个时候，就越是你应该大做人情的时候；生意人的那些事无非就是“出”和“进”——在这个时候“出”，将来必能“进”，而且一旦“进”就会远远超过当初所“出”。在这一点上，胡雪岩的智慧体现得淋漓尽致。

这一点不仅仅是做生意应有的智慧，也是我们每个人都该学习的做人智慧！

## 摸透人心，走感情路线

胡雪岩的官商经营之道，用一句话概括，便是摸透人心，走感情路线。胡雪岩办事常找羊肠小径走，弯弯曲曲，拐弯抹角，却又总能柳暗花明又一村。

在晚清，有“三年清知府，十万雪花银”的说法。尤其是在晚清极其腐败的政治制度之下，为官者私欲膨胀，吏治混乱。在这种情况下，只有善打心理战，才能成为成功商人。

一次，为了漕运，胡雪岩一行人抵达上海郊区松江府，与松江漕帮搭上线。漕帮祖宗魏老爷子交代手下大哥尤五，一定要好生招待胡雪岩一行。胡雪岩那帮人，品流不齐，领头的是官员王有龄，往下还有两个幕僚随员，一个姓吴，另一个姓周，都以“海运局委员”名义，随行办事。再往下，还有听差高升，以及打杂下手。

为了照应这么一大帮人，胡雪岩心思缜密，分门别类，从大老爷王有龄到听差高升，全都妥善地进行了安排，结果人人都满意。

胡雪岩的手段就在这里，什么人去什么地方，分得清清楚楚，绝不会龙蛇混杂。由于胡雪岩深知那些“特殊人”的心理，而且总能投其所好。因此，他的商业行为也左右逢源，得以顺利进行。

中国是一个重人情的社会，在社会上寻找有用的社会资源，建立自己的关系网，十分重要。

胡雪岩既善于经商，也善于经营自己的关系网，其精明之处在于，善于抓住不同人的特点，投其所好。人总有自己的喜好，胡雪岩对爱财者馈以财帛，好色者赠以美妾，好义者激以义气，富有者赠以“面子”，且屡试不爽。

在创业初期，胡雪岩偶遇因父亲入狱被卖入梨花春的千金小姐芸香，并被其美貌所吸引，但胡深知以当时自己的身份，无福消受美人。他在万般懊恼之时，灵机一动，把芸香做顺水人情送给了自己的靠山王有龄。这样做，胡雪岩虽然失去了芸香，但却得到了王有龄的器重，得到了芸香这个忠心的眼线，从此掌握了王巡抚的行踪，使其为胡所用。这桩交易做得无懈可击，芸香成了胡走向成功的第一个筹码。

胡雪岩在带着阿巧去给当时任江苏学政的何桂清送礼时，美丽的阿巧让何桂清给看上了。何桂清旁敲侧击，要将阿巧留下来。

没办法，胡雪岩如哑巴吃黄连，为了傍上何桂清这棵大树，做长线投资，他不得不忍痛割爱，与何桂清的关系也更进了一步。

在胡雪岩那个时代，投其所好便可药到病除，它其实是一个“通例”。胡雪岩说：“送礼总要送人家求之不得的东西。”可见，他是深谙此道的。如对一些重要人物疏通关系，就要用巧计不露行迹地去做，顾及其脸面和品位，以达到最体面的效果。

胡雪岩于光绪七年（1881年）来到北京，他此行的主要目的是疏通中央政府，同意他向洋人借三百万两银子外债。那时候，宝鋆任户部尚书及总理各国事务衙门大臣，相当于现在的财政部长兼外交部长。当时在晚清极其腐败的政治体制下，无官不贪，求人办事少不得要花钱疏通关系。但胡雪岩并不认识宝鋆，不敢贸然带着银票到宝家去，但他本事大，竟然探听到一条特殊的门道：原来，北京城有个地方叫“琉璃厂”，专卖文房四宝、书籍、古董、字画。当时，清廷满朝权贵都知道送礼的重要性，可是又碍于颜面，不敢太明目张胆，于是就想出了变通办法：某人打算向某官员行贿，先与琉璃厂商家接头，讲定以若干银两购买一件古董或一幅字画。接着，琉璃厂商家到官员的公馆去，取得古董或字画，拿回琉璃厂卖给需要者。需要者买到古董或字画后，再回送给官员。琉璃厂获得银两，留下回扣与手续费，把剩下的银子交给官员。一桩行贿交易就这样顺利完成了。对官员来说，他的古董和字画尽管经过一买一卖，最后总会完璧归赵；另一方面，他只是和琉璃厂打交道，并未直接接受对方的银子，他只是收了古董或字画，总算是文人雅士赠送文物，并没沾上铜臭。

胡雪岩通过这种办法，巧妙地送了宝鋆三万两银子，结果该大员在朝廷上为胡雪岩力争，胡氏终于如愿以偿。

结识贵人最需要的就是主动出击，投其所好。正因为胡雪岩深深明白官场学问和官场中人的心理，善于揣摩，巧加迎合，他的政治投资自然也就水到渠成地成功了。

## 贵人相助，麻雀也能变凤凰

胡雪岩深知，做生意不能没有贵人做靠山。胡雪岩背后有着强大的官场力量，而这才是财富的真正来源。胡雪岩以其睿智的眼光，发现了“大树底下好乘凉”的道理，从而一生致力于培植自己的靠山，走进贵人圈中，借风行大船，登上了财富的高峰。

胡雪岩与左宗棠闲谈时，曾问起过他带兵的诀窍。左宗棠道:“带兵打仗，与其乘时，不如待势，我行伍多年，之所以能无往不利，许多难办之事却顺利办成，就在于我懂得乘势。”胡雪岩对此深以为然。当初他在有意无意间资助了王有龄，发现自己因此处于有利的经营地位，他马上就明白，经商首先要为自己开拓出一块地盘，争取占势之利。

胡雪岩把做生意的力量和心思都放在蓄势取势上。寻找有力的靠山，把他们的功名和自己的利益结合起来。他不仅顺应时势，更通过自己的努力，让自己置身于能控制大势的核心，此即是“做势”。胡雪岩自己也说过:“势利、势利，势与利是分不开的，有势就有利。所以现在先不求利，要取势。”官场取势，犹如关闸蓄水，一开始看起来成本高、回收慢。然而，一旦水库形成，此后的利益却稳定而长久。

在相识之初，胡雪岩了解了王有龄的具体情况后，眼前不由一亮：眼前的王有龄绝非等闲之辈，若助他进京“投供”，日后定有出头之日。

任何人在一生当中，都会碰到几个关键时刻，这些转折点决定着人生将来的去向。如果转折得好，那你的人生就将迎来光明的前景；如果转折得不好，那未来则会暗淡无光。胡雪岩的眼光厉害就厉害在：可以看准将来可成大事者。

王有龄得到胡雪岩的资助进京捐官，归途之中又巧遇任江苏学政的何桂清。何桂清少时家贫，曾受到王有龄父亲的帮助和照顾，并曾受业于王有龄的父亲，王家于何桂清有成就之恩。何桂清感激旧情，于是，向浙江巡抚黄宗汉推荐王有龄。而此时黄宗汉因为索贿不成，在漕米调运的事情上制造事端，逼死浙江的布政使(藩司)椿寿，遭朝廷的查究，正需要何桂清替他掩盖责任，因而不能不买何桂清的账，所以很快就任命王有龄为浙江海运局总务。于是，王有龄一下子又成了封疆大吏、黄宗汉面前的红人。不用说，没有胡雪岩的帮助，没有何桂清的帮助，或者黄宗汉根本不买何桂清的账，王有龄大概最终只能以一介落魄平民的身份客死杭州。胡雪岩辉煌的历程就是从捐官开始的。也正是“捐官”这一新概念，造就了一代红顶商人，为胡雪岩的破土营造了契机。

对胡雪岩来说，顺贵人势是眼光，取贵人势是目的，做贵人势是行动。

旗人宝森因为政绩平庸，被当时的四川巡抚丁宝桢以“才堪大用”的奏折形式，借朝廷之手体面地把他请出了四川。宝森闲居在京，每日呼朋唤友，吟酒品茶泡赌场，表面上悠闲乐哉，其实内心甚感落寞。胡雪岩就特意去拜访他，劝说他到上海一游，费用全部由胡雪岩包了。宝森因为旗人身份的限制，在京玩得实在不过瘾，就随胡雪岩去游上海，逛杭州，猜拳狎妓，游山玩水，甚是痛快，遂把胡雪岩视为密友，以后每遇大事，必自告奋勇，帮助胡雪岩在京城通融疏通，为其生意出了很大力气。

一个人能够发现自己和别人的才能，就等于找到了成功的力量。聪明的人善于从别人身上吸取智慧的营养补充自己。从别人那里借用智慧和势力，比从别人那里获得金钱更为划算。

进入贵人圈后，胡雪岩在官场上通过资助王有龄、黄宗汉、麟桂、何桂清、左宗棠等人，为他们出谋划策、出力出资，把他们的利益和自己紧紧联结在一起，从而得到“此人须臾不可离”的效果，这样一来胡雪岩就取得了官势。

王有龄、何桂清等人的升迁和享乐离不开胡雪岩，左宗棠平定叛乱、建立万世功名也离不开胡雪岩。胡雪岩知道他们需要什么，所以也就能抓住他们。抓住了这些人，也就抓住了他们做官而自然形成的官势。胡雪岩靠层层靠山，左右逢源，取得了空前的成功。

## 放线——放长线，钓鱼——钓大鱼

做人是有学问的，有的人一辈子都学不会做人。做人没有统一的标准，不像考试，得多少分就及格，得多少分就良好，得多少分就优秀。做人的方式有千种万种，一言难尽。放长线，钓大鱼是其中之一。放长线就是投资，钓大鱼就是收益。你要是心急，那肯定连小鱼都钓不上。因此，要成大事，先要会做人；而会做人，即是善于在交往中积累人脉资源。就像友谊之花，须经年累月培养，做人做事，不可急功近利。

善于放长线钓大鱼的人，看到大鱼上钩之后，总是不急着收线扬竿，把鱼甩到岸上。因为这样做，到头来不仅可能抓不到鱼，还可能把钓竿折断。他会按捺下心头的喜悦，不慌不忙地收线，慢慢把鱼拉近岸边。一旦大鱼挣扎，便又放松钓线，让鱼游蹿几下，再又慢慢收钓。如此一收一放，待到大鱼筋疲力尽，无力挣扎，才将它拉上岸。

历史上吕不韦投资子楚就是一个成功案例。想当年，在王子中地位低下的子楚作为人质来到赵国，生活困难，几乎没有出头之日。为了获得巨大的回报，吕不韦想投资子楚，辅助他上位。

吕不韦去找子楚，说，我能让你当上秦王。子楚以为他在开玩笑。吕不韦说，事在人为。你什么都不用管，我来一手帮你操办。

此后吕不韦为了让子楚有出头之日，想方设法、多方奔走，终于使子楚成为嫡系继承人。后来秦昭王去世，安国君当上了秦王，华阳夫人当上了王后，子楚则正大光明地成为太子。但安国君一年后就去世了，子楚继位，就是庄襄王。庄襄王没有食言，封吕不韦作了丞相，享受荣华富贵。到这时，吕不韦的钓鱼计划完全落实了，可以说非常圆满。

胡雪岩也善于放长线钓大鱼，从而在晚清混乱的局势中立足脚跟，在商界红极一时。纵观胡雪岩的一生，其成功之处可归结在为人处世上。他能在乱世之中，方圆皆用，刚柔皆施，懂得如何积累人脉资源，并利用它为自己的商业铺路。

比如，胡雪岩审时度势，开了阜康钱庄。在阜康钱庄开业之初，胡雪岩曾挪用一笔银两，分成若干份，每份二十两，分别开立存折，送给巡抚布政使司的家眷。大官家眷平白无故得了胡雪岩存折馈赠，一方面有钱就存入阜康；另一方面这件事口耳相传，其他人知道之后，都知道阜康有抚台、藩台内眷撑腰，招牌靠得住。口碑打响之后，生意自然滚滚而来。

胡雪岩的这一招正是"放长线，钓大鱼"。一般生意人却没有这番见识，按普通人的想法，做生意当然是降本求利，哪有平白无故送银子的道理。这一点可以看出胡雪岩的大智慧，银子该舍则舍，自会有大鱼上钩。这也揭示出一个道理：做人做事要有长远眼光，尽量少做临时抱佛脚的买卖，而要注意有目标的长期感情投资。同时，放长线钓大鱼，必须慧眼识英雄，才不至于将心血枉费在那些中看不中用的庸才身上。

胡雪岩的一生为了找到官场中的靠山，下了一番不小的钓鱼功夫。

当他只是一个月俸二两的伙计时，便毅然将五百两银子借给王有龄上京投供，而自己却受到了被开除的处罚。

王有龄发迹后，胡雪岩又帮助处理海运局事务，察言观色，及时送给黄宗汉两万两银子，使王有龄升任知府，自己也负责了海运局事务。

阜康钱庄开业后，本钱极少，但胡雪岩却敢于借给自己并不相识的麟桂两万两银子弥补亏空，从而得到了麟桂的信任。

左宗棠进入浙江追剿太平军，胡雪岩雪中送炭，献上十万石大米，开药店后又送药品。

左宗棠平定西北边疆，胡雪岩又购买军火，捐献寒衣，筹措军饷，解决了左宗棠的后顾之忧。

胡雪岩通过出巨资帮助王有龄、黄宗汉、麟桂、何桂清、左宗棠等人，为他们出谋献策，出力出资，把他们的功名与自己的利益结合起来。

有了这些靠山在，胡雪岩运粮拨饷，筹款购枪，正大光明，势力也随之如日中天，财富由早先的数十万增至几百万进而数千万，成为清朝第一红顶商人。

很多人都想钓到大鱼，因为很多人都明白一个道理——小鱼要天天钓还可能吃不饱，而钓一条大鱼，可能够自己一辈子吃喝不尽。然而，明白归明白，很多人的做法还是有问题，多数人都是急功近利的，这决定了他们只能钓到小鱼。要想钓到大鱼，那就只能放长线。目光远，敢投入，钓到大鱼的机会其实并不遥远！

## 借势经营，勇于结交重量级的大人物

在古代，见过大人物、有大人物做靠山是人生的精彩一笔，值得大书特书、大肆炫耀。大人物是处于权力巅峰的人，能呼风唤雨，能创造奇迹。能接近大人物，或者和大人物攀上了关系，人生就能顺利许多。不过，很多人认为他们没有机会认识所谓的“大人物”，或者不敢接近大人物，这些都是偏见。大人物也是能够接近的。我们都听说过一个定律，如果你要给世界上的任何人送信，只需要经手四五个人即可达到，我们跟任何人的关系就是这么接近。假如你开始去接近一个大人物，并敢于采取行动，结果总会出乎你的意料——跟很多大人物接近并不困难。

1861年，太平军为了解除江南、江北两营对天京的包围，忠王李秀成率军攻打杭州，将杭州围了个水泄不通，以实现其“围魏救赵”的计划。过了一段时间，杭州城里粮食耗尽，出现了人吃人的惨剧。王有龄万般无奈，就派胡雪岩悄悄潜赴上海买办粮食和军火。只可惜兵荒马乱，漕道受阻，粮船迟迟不能开。而这边杭州城被太平军攻破，王有龄自杀身亡。等到胡雪岩千辛万苦将粮食运回，得知杭州城破，王有龄身亡后，只好强忍悲痛改扮客商模样，夜行昼伏，逆江而上，将粮食转贩宁波。

一段时间后，胡雪岩回到家乡杭州，打算重起炉灶，结交新任命的浙江布政使蒋溢澧，就如同当初以王有龄为官场靠山一样。不过，胡雪岩这番想法很快就有了变化。根据他的观察，蒋湓澧这个人固然敦谨厚实，不过官位不够高，又未能获得上级长官闽浙总督兼浙江巡抚左宗棠信任，走这条路并不划算。当时，时移势易，情况已经发生了很大的变化。这变化主要在两个方面：第一，杭州经过两度战火，市面已经完全萧条。战乱之后，要想全面恢复至战前状态，绝非一日之功。第二，太平军占领杭州期间，为了不让胡雪岩回到杭州，有些留在杭州的人则放出谣言，说胡雪岩骗取公款以筹米为由携款自逃。胡雪岩虽然通过手腕挽回了一些影响，但要彻底恢复他在别人心目中的地位，还有待时间。因此，胡雪岩重新筹划，决定走左宗棠路线。

左宗棠是中国晚清军政重臣，湘军统帅之一。当时，左宗棠正受朝廷之命到江浙平定太平军，委以巡抚一职，亲率人马一直向东打来。但一到杭州就断了粮草，军人没了粮饷，就闹起事来了。正在左宗棠无计可施之时，胡雪岩亲自找上门去，以前左宗棠也对胡雪岩有所耳闻，也听说了那些谣言，他甚至在接到许多状告胡雪岩的禀帖之后，决定只要腾出手来，便要查办胡雪岩。这位素有“湖南骡子”之称的总督大人物有点犟脾气，在胡雪岩拜见他时，甚至都不给他让座。胡雪岩岂是简单角色，他先为自己解释清楚，继而奉献白银、食米，无偿报效左家军，一上来就把左宗棠脑袋里的成见消除干净。有了粮饷，军士作战勇敢多了，加上左宗棠是天生的帅才，一路打过去，攻破杭州城。左宗棠得到朝廷的褒奖，但他对胡雪岩的功劳却心里有数。

胡雪岩获得左宗棠的信任后，往来于上海、宁波等地，经办粮台转运，接济军需。左宗棠入驻杭州之后，有很多后事要处理，胡雪岩也成了他处理善后事宜的得力帮手，负责赈抚局，设立粥厂、难民局、善堂、义塾、医局，掩埋暴露于野的尸骨及劝捐。1865 年农历的正月，左宗棠得到清廷的重用，调任闽浙总督。胡雪岩因为助他粮草，帮他处理过很多难题，左宗棠已经是离不开他了。于是他奏请同治皇帝调胡雪岩往福建，做他在闽"修明政事"的"治事之才"，结果得到了批准。从此，胡雪岩开始了与左宗棠长达数十年的合作。

胡雪岩凭着左宗棠这座官场大靠山，生意越做越大，不仅在战乱之后得以迅速全面恢复，而且也越做越顺。到左宗棠西征新疆前后，他以红顶商人的身份，为左宗棠创办轮船制造局，筹办粮饷，代表朝廷借"洋债"，开始与洋人的金融交易。这时候，胡雪岩开始在官商两界平步青云，事业也如日中天，盛极一时。

"中国人做生意要靠山"，这句话透露着胡雪岩对于他所处的那个时代生意场上成败关键的深刻领悟。大人物就是大靠山，俗话说"大树底下好乘凉"，"朝中有人好做官"。这些说法虽然有些庸俗，但它们又的确是封建时代的现实。对于那个时代的生意人来说，有了靠山，也就有了保护伞，买卖也就可以做得通畅、得心应手。胡雪岩纵横于商场，能够迅速发迹，某种程度上就是得力于他有力的官场大靠山，得力于他对这些官场大靠山的巧妙利用。

## 花花轿儿人抬人，自己发财也让别人发财

胡雪岩有一个做人的宗旨："花花轿儿人抬人。"胡雪岩从放牛娃白手起家，打造出一个富甲天下的商业帝国。除了为人诚信、胸怀天下、眼光独到、善于用人和广交朋友之外，还有一点，也是他最根本的成功之道，就是胡雪岩能客观地看到"中国国情"，努力寻求双方利益的契合点，不断实现双赢或者多赢的

目的。

纵观胡雪岩的一生，每走一步，都有贵人相助。如果不是杂粮行的老板将他带出农村，可能终其一生，胡雪岩都在农村种地；如果不是阜康钱庄的老板将钱庄交给他打理，胡雪岩不知要奋斗多久才能得到第一桶金；如果不是王有龄帮他，胡雪岩在杭州就不会事事顺利；如果没有左宗棠的帮助，胡雪岩不可能得到慈禧赏赐的黄袍马褂。由此看来，如果没有贵人相助，胡雪岩很难获得如此大的成功。贵人相助，是每个人的梦想，但贵人为什么要助你？贵人帮助他人时是有原因、有理由的。

看一下帮助胡雪岩的贵人们，他们都是为了什么原因来帮助胡雪岩的呢？杂粮行的老板帮助胡雪岩是因为胡雪岩拾金不昧，捡到了钱包归还给他；阜康钱庄的老板帮助胡雪岩是因为胡雪岩帮他拓展了业务；王有龄帮助胡雪岩是因为胡雪岩帮他得到了官位；左宗棠帮助胡雪岩是因为胡雪岩帮他备齐了军需物资。这就很明显了，所谓的贵人相助，只不过是人与人之间的互相帮助而已，要想得到贵人相助，首先你要对贵人有用。

胡雪岩认为，我帮他人，他人自然也会抬举我。胡雪岩花花轿儿人抬人的手段常常使人目瞪口呆。

比如，王有龄初到海运局，接到了漕粮北运的任务。漕运关系到地方官的声望，督抚黄宗汉催逼甚紧。依胡雪岩的看法，这个任务说紧也紧，说不紧也不紧。办法有很多，只需换一换脑筋，不要死盯着漕船催他们运粮，这样做出力还不讨好，不如改换一下办法，采取“民折官办”，带钱直接到上海买粮交差——因为催的是粮食，只要数目对就可以。当时因为海运局业务的影响，漕帮势力大不如前，但是地方运输方面还非得漕帮帮忙不可。这是一股有待利用的势力。运用得好，自己的生意就能顺畅，处处受人抬举；忽视或者得罪了这股势力，航运生意就会受阻。而且各省漕帮互相通气，有了漕帮里的关系，对王有龄的海运局大有裨益。

于是，胡雪岩亲自去漕帮总部拜访，奉上十万两银票以及价值数万的杭州特产，提出了双方合作共办海运的建议，取得了漕帮的信任，并和漕帮尤五交上了朋友。

通过与漕帮联络，胡雪岩不仅化解了漕帮对海运局的仇恨，而且利用漕帮把生意做到各个乡间，做起了大米生意。在战乱之中，粮食非常重要。通过粮米生意，胡雪岩进一步扩大了自己的影响。

胡雪岩常不惜花钱来培植漕帮势力。他常和漕帮合伙做生意，为他们提供固定的运送官粮物资的机会，组织船队做航运生意等。只要有利益，就不会忘记漕帮。江湖势力在清末渐趋衰落，但在当时仍然有其不可替代的作用，在社会上依然有着重大影响。胡雪岩看到了这一点，与漕帮联手共同做航运生意，顺利完成了海运局的任务。

后来，漕帮还屡次帮胡雪岩渡过难关，漕帮的势力对胡雪岩的生意帮助也不小。胡雪岩在王有龄任内做了多批军火生意，有几次被帮派势力扣住，多亏尤五前往交洽，而得以做成生意。他在负责上海采运局时，又为左宗棠源源不断地购买军火。如果没有尤五等江湖势力的保护和照应，根本无法顺利做成生意。

胡雪岩最大的特点，就是善于调动社会资源。就凭着这一诀窍，他最终能黑白通吃，手眼通天，获取大量的金钱和声誉，成为一代红顶商人。只有先帮助了别人，别人才有可能不计成本地帮助你。可见，积极帮朋友的忙，营造花花轿子人抬人的局面，这就是胡雪岩成功的关键。

# 第三章 | 左右逢源，三教九流交朋友

## ——胡雪岩的人脉绝学

砒霜剧毒，运用得当也可救人性命；人参大补，运用失误，也可伤人害命！事实上，每个人的身边，有好人也有坏人，有君子也有小人。但不可否认，如若你运用得当，每个人都能成为你的左膀右臂，为你的事业和人生推波助澜！这便是胡雪岩的人脉绝学！

## 先交朋友，再做生意

中国是一个比较传统的国家，人文背景相对世俗化，想成就一番事业，少不得要借助众人拾柴之势。俗话说："在家靠父母，出门靠朋友"，多一个朋友多一条路，人情就是财富。人际关系一个最基本的目的就是结人情、树人缘，人脉广泛，办事方能左右逢源。

"越是本事大的人，越要人照应。皇帝要太监，老爷要跟班，只有叫花子不要人照应。这个比方不太恰当，不过做生意一定要有伙计。市面要做得大，没有人照应，赤手空拳，天大的本事也

无用。”这番话是小和尚陈世龙对阿珠的父亲老张说的。

老张是个老实人，一生小心谨慎，带着妻子女儿在松江之上驾船载客，安于靠力气挣钱的平稳生活，他本来就不是一个适合做生意的人。以前因为拗不过妻子和女儿，有和胡雪岩结亲的打算，因此，接受胡雪岩的建议，把那一条船卖掉，回到湖州开丝行。后来胡雪岩觉得娶阿珠做“小”实在委屈了她，而且有许多不妥之处，便用计撮合了阿珠与陈世龙的一段姻缘。因为这个原因，老张觉得再受胡雪岩的照应也不妥，便想打退堂鼓。陈世龙为开导老张，便说了上面这段话。陈世龙的话，既在启发老张，也说出了一个人成功的最重要原因。

胡雪岩认为结交朋友、相互帮衬是一个人成功的诀窍。如王有龄，这个人清代史料中有记载，很会做官而且也是有能力的，当时在浙江官场即有“能员”之称。但是，如果他仅仅是有能力，没有别人的帮助，就没那么快成为浙江官场的红人。

大凡能够成就一番事业的人，必然是朋友环绕，处处都有朋友照应。朋友多，事情当然好办，真正应了“人多好办事”、“众人拾柴火焰高”这两句俗话。胡雪岩就是这样的人，他喜欢处处交朋友，时时帮人忙。然而，胡雪岩交起朋友来，生冷不忌，水陆并陈，没有三六九等的界线，什么人都和他有缘分。

胡雪岩对于生意上的朋友，做到互惠互利，互兴互荣，以利益为纽带，谋求对方的支持与帮助。胡雪岩一向认为生意场中很少有真正的朋友，但也不是到处都是敌人。既然大家共吃这碗饭，图的都是利，有了麻烦，最好把问题摆到桌面上，不要私下暗自斗劲，结果对谁都没有好处。生意场上，胡雪岩经常是站在对方的角度上充分揣摩对方的需要，照顾对方的利益，并施以恩惠。

在官场上，胡雪岩更善于编织人际关系网络。他不是只巴结眼下用得上的官，就是对一时用不上的地方官也都加以照顾，因为他深深懂得“阎王好见，小鬼难缠”的道理。每次外出，他袖口里必定要揣上几张银票，以随时送给有关官员。对地方上每个官员的家庭情况，乃至朝廷中一些可联系上的官员的各方面情况，他都了如指掌；每到其家里有婚丧嫁娶之事时，他都要送上一份礼，大官大礼，小官小礼，从不落空。

此外，除了和官员打交道，他还与漕帮结成牢固的互惠关系，并在里面充当了一个小叔爷。胡雪岩供漕帮吃喝开销，漕帮维护胡雪岩漕运的垄断地位。

这样，胡雪岩织成了一个上上下下、牢不可破的关系网。在胡雪岩看来，自己的生意发展靠的是朋友，赚钱赢利还须为朋友着想，二者的目的是一致的。这就是胡雪岩的朋友经。

现代社会，建立人脉远远不是过去所谓“拉关系”那么粗俗简单，它包含很多东西，需要用心经营。李嘉诚有句名言说：二十岁靠体力赚钱，三十岁靠脑力赚钱，四十岁以后则靠交情赚钱。说的就是这个道理。

## 义字当先，敢为朋友两肋插刀

义气是人与人之间相处的一种方式。讲义气，就是要对得住人。做生意时，经常能听到这样一句话:“别谈钱，一谈钱感情就远了。”尽管这只是一句客套话，但从一个侧面反映了人们重义轻利的心态。

胡雪岩可以称得上是一个一等一的成功商人。他的仗义，正是他能够获得成功的重要条件。江湖、官场和商场，胡雪岩都广施善缘，义气为先，所以在黑白两道都吃得开，为自己事业的发展减少了许多阻力。

在胡雪岩生活的时代，做生意必然要面对一股特殊的势力，就是江湖帮派，和他们打交道就必须讲究江湖义气。只有以心相交，以情义两字当头，才有可能结交到知心的朋友，别人也才会把你当成真正的朋友，从而为你事业的成功奠定坚实的基础。胡雪岩在做人经商中非常讲义气，他在结交漕帮魏老五时就是以义气折服了对方。

王有龄刚上任“海运局”坐办，统管浙江一省的粮食北运。没多久，朝廷要求从上海迅速海运粮食入京。由于时间太紧，“海运局”的漕米一时到不了上海。这时胡雪岩想出了一条妙计，就是先在上海买米代替，等漕米运到上海再垫上。胡雪岩一路坐船到上海，到了松江，听说松江漕帮已有十万石米想出售，就决定谈定这桩生意。清朝末年，帮会势力十分强大。面对这种特殊的社会情况，任何一个人，都或多或少受到帮派的影响。松江漕帮就是一个很有影响力的江湖势力。

胡雪岩首先经多方打听，了解了漕帮的情况。松江漕帮中主事的姓魏，排行第五，人称“魏老五”。然而，由于松江漕帮是吃水上运输饭的，朝廷要实行海运，漕帮的生计就成了问题，与海运局有天然的冲突。因此，胡雪岩很清楚这宗生意不容易做，可一旦做成，粮食入京的任务也就完成了，所以他决定亲自上门拜见魏老五商谈此事。

胡雪岩在朋友的帮忙下，来到了魏家。碰巧“魏老五”不在家，家中只有他的老母亲在。胡雪岩发现魏老夫人面露英气，在魏家可能有很大的影响力。于是，胡雪岩以后辈之礼拜见，决定从魏母入手来突破魏老五。经过一阵寒暄过后，胡雪岩直接向魏老夫人详细地说了此行的目的。听完他的话，魏老夫人没做什么表示，胡雪岩心知对方还是对海运粮食的事情不满，于是有理有据地指出:“老夫人，恕我直言。如今战事紧急，朝廷急等着浙米进京，为此已经撤了几个官了。此次如若再误期，朝廷追究下来，我们难脱罪责，我想漕帮也难辞其咎吧！为漕帮弟兄想想，若误在河运，追究下来，全帮兄弟休戚相关，很有可能被打上通匪的罪名，前辈您忍心这样吗?”

江湖中办事，很重情义二字。胡雪岩巧妙地以“义”相激，正好击中其要害，使得魏老夫人不得不仔细思量。

胡雪岩又详尽地给魏老夫人分析了利害之处，魏老夫人终于默许，遂叫人将魏老五找了回来商谈卖米之事。然而，胡雪岩在商谈时，见魏老五面露犹豫之色，只是迫于母亲的面子不好讲，猜知还有内情。见此情景，胡雪岩诚恳地问对方是不是有什么难处，让魏老五直说，否则他就不买这批米了。魏老五见他如此直爽，也就没有什么顾虑了，就把自己心中的隐忧全盘托出。原来自从官粮海运之后，漕帮处境一直很艰难，目前正是缺银的时候。他们急需将这十几万石粮食变现，如果卖给了海运局却没有现银，虽有些差额可赚，但将来收回的仍旧是米，漕帮很吃亏。

胡雪岩了解了这一情况后，马上找到钱庄老板张胖子商量，到时以银两支付，解决了漕帮的顾虑。对此魏老五非常高兴，也极为欣赏胡雪岩的义气，觉得他不像其他商人那样势利。于是，买米的事很快就办妥了，胡雪岩还与魏老五交上了朋友。自此以后，魏老五对胡雪岩是“唯命是从”，只要是胡雪岩的货，漕帮绝对是优先运输。

虽然海运比漕运便宜，但胡雪岩宁肯多花些钱，照顾漕帮的生意，以表示对江湖朋友的敬意。作为一个有大背景的商人，对帮派的态度如此谦恭，自然使帮派人士对他另眼相看。江湖人士凡事以义为先，重义气使胡雪岩在商界获得了值得信赖的好名声，生意越做越成功。

中国人讲究以“情理服人”，情在前，理在后。一件事情发生后先从感情的角度去理解，先要讲面子，然后再来讲道理。因而，出色的生意人最讲义气，性情豪爽，为了朋友甘愿两肋插刀。生意场上，胡雪岩本身讲义气的性格特点使他得到了不少真正的朋友。

## 晴天留人情，雨天好借伞

敌和友，似乎水火不相容。其实，敌和友是可以互相转化的，没有永远的敌人，也没有牢不可破的朋友。

有句犹太格言：“谁是最强大的人?化敌为友的人。”一个人能化敌为友，不是软弱而是一种做人的大智慧和艺术。以暴制暴不会让敌人变成朋友，而善意却能化解敌意，这是化敌为友的法宝！

对商人来说，和气才能生财，树敌容易，化敌却难，如果一个人能把敌人转化成朋友，那他的能力不更是让人佩服吗？如果能获取敌对方的支持，又何愁事业无成？广结天下友，方可博取人间财富。

梁山泊的掌门人宋江就非常善于化敌为友。在每一次对敌作战结束后，捕获了敌人的将领，宋江总有这样一番举动：喝退军士，亲解其索，请坐厅上，殷勤相待。对有些名气大的将领，宋江甚至要让出自己的宝座。许多人面对这样的礼遇，紧张、敌对的心情顷刻瓦解，很快表示愿意归降。梁山泊的不少英雄好汉就是这样聚集到宋江旗下，最后死心塌地地为宋江出生入死的。

胡雪岩信奉这样一句话：没有永远的敌人，只有永远的利益。此话怎讲呢？多一个朋友多一条路，多一个敌人多一堵墙。一旦生意上对别人构成威胁，形成敌对关系，胡雪岩总会想方设法化敌为友。

俗话说，朋友多了好办事。没有朋友，寸步难行。商业经营更是如此。

当年信和钱庄“大伙”张胖子把胡雪岩赶出钱庄不久，王有龄便升官回到杭州。喝水不忘掘井人。王有龄也算是个有良心的人，重逢之后，听说胡雪岩为了他的前途，将钱庄的“伙计”职务都丢了，心有惭愧。王有龄终日派人找寻，几经周折，终于在杭州城里寻到了胡雪岩。

听了胡雪岩的经历，王有龄决定为恩兄好好地出一口气。胡雪岩阻止了他，这很令王有龄吃惊。原来胡雪岩心中另有打算，他思忖，如果在自己得意之时，就寻恶于钱庄的伙伴们，这虽然出了心中的恶气，然而却于事无益。俗话说“和气生财”，只有好好地拉拢商界才会有发财的机会。

随时随地冷静分析形势，并作出正确的选择，这就是胡雪岩的过人之处。对于胡雪岩的见解，王有龄只有啧啧称赞，深深佩服。

休整几日之后，钱庄的“大伙”过生日，祝寿之人络绎不绝。胡雪岩准备了一个纯金的“寿”字，给“大伙”拜寿，并将王有龄引见给“大伙”。在一群商客和伙计中，官府人士给其祝寿，实在是大大扬了“大伙”的脸面，当时就感动得“大伙”

双目垂泪，拉着胡雪岩的手直拍胸脯保证“以后有事，必当两肋插刀”。

这个钱庄“大伙”正是昔日将胡雪岩扫地出门之人，但胡雪岩却做到了过怨两忘，因为他相信来日方长。事实也正是这样，日后正是这个“大伙”张胖子帮了他很大的忙。

胡雪岩与人交往，处处为对方着想，胸襟宽阔，豁达大度，不计个人小怨。胡雪岩处理张胖子一事就是如此。当遇到十分棘手的“敌人”时，胡雪岩也是尽量“化敌为友”。当“敌人”知难而退后，心里明白是胡雪岩手下留情，便会心存一份感激。

胡雪岩常说:“光棍做事，只要是朋友，只有拉人一把，没有踹人家一脚的道理。”这自然是指做人应该具备一种基本的道德。在别人危难之际援手相助，这样的人就足以让人钦敬。从根本上说，商道其实就是人道，就是为人处世之道，因此，一个优秀的商人也应该具有良好的品德。

## 红花虽好，也需绿叶扶

商场上的竞争说到底都是人才的竞争和智力的竞争。因此，选择帮手便显得异常重要。帮手选得好，事业成功的把握就大；而一旦用人不当，后果常常不堪设想。因为用错一个人，往往会影响自己辛辛苦苦打下的江山。在这方面，胡雪岩的用人之道十分独特，令人称道。

胡雪岩在苏州巧遇嵇鹤龄，便向嵇鹤龄请教。胡雪岩虽然是个生意人，但对读书人一向心存敬意，因而也结识了不少读书人朋友。嵇鹤龄是一个有文采的书生，很有见识，但屡试不第，只得了个候补知县的头衔。胡雪岩向之请教，嵇鹤龄便对他说："有钱没有用，要有人；自己不懂不要紧，只要尊重懂的人；用的人没有本事不妨，只要将肯用人的名声传出去，自会有本事好的人，投到门下来。"

胡雪岩深明此理：牡丹虽好，也需绿叶扶持。胡雪岩善于用人，从王有龄开始，之后的古应春、尤五、刘庆生，等等，无不对他事业的成功有所帮助。因为有了他们，胡雪岩的事业才能够蒸蒸日上，成为富甲天下的红顶商人。

胡雪岩用厚利来买人才，却并不买人，而是买心，以诚相待，信则不疑，不但调动了手下人的积极性，而且使得许多人对他感恩戴德，追随一生。

胡雪岩在筹办阜康钱庄之初，急需一个得力的"档手"。经过考察，他决定让原大源钱庄的伙计刘庆生来担当此任。钱庄还没有开业，周转资金都没有到位，胡雪岩就决定给刘庆生一年二百两银子的薪水，还不包括年终的分红。靠厚利，胡雪岩一下子就动了刘庆生的心。当他将二百两银子的预付薪水拿出来的时候，刘庆生激动地说："胡先生，你这样子待人，说实话，我听都没有听说过。铜钱银子用得完，大家是一颗心。胡先生你吩咐好了，怎么说怎么好！"从一开始就让刘庆生心悦诚服了。

与此同时，胡雪岩还替他考虑到家里的事情，让他把留在家乡的父母妻儿接来杭州，上可尽孝、下可尽责，解决了后顾之忧，以便其倾尽全力照顾钱庄生意。如此重人轻财，哪有不让人全心办事的道理。一次的慷慨，便得到了一个能力出众、忠心耿耿的帮手，阜康钱庄的具体营运，胡雪岩几乎可以完全放手不管了。

从这件事，可以看出胡雪岩的用人之道是非常独到的，也表明了生意场上的一个基本道理：要重用人才，收服人心，待之以诚当然是必需的，但如何显示自己的诚意却大有文章可做。

信和钱庄“档手”张胖子，当初因为胡雪岩擅自做主挪用自己追回的死账资助王有龄，将他逐出了信和，但王有龄得官之后，胡雪岩却并不想为难张胖子，连王有龄都佩服，评价他“好宽的度量”。

当然，重视人才，不仅仅是那些有杰出才能的人才，亦包括那些默默无闻的小职员。在这方面，胡雪岩为了拢住员工的心，还特设“功劳股”，这是从盈利中抽出的一份特别红利，专门奖给对胡庆余堂有贡献的人。功劳股是永久性的，一直可以拿到本人去世为止。

有位叫孙永康的年轻药工就曾获得过功劳股。有一次，胡庆余堂对面一排商店失火，火势迅速蔓延，眼看无情的火焰扑向胡庆余堂门前的两块金字招牌，孙永康毫不犹豫地用一桶冷水将全身淋湿，迅速冲进火场，抢出招牌，头发、眉毛都让火烧掉了。胡雪岩闻讯，立即当众宣布了给孙永康一份功劳股。

同时，胡雪岩还设立了“阳俸”和“阴俸”。所谓阳俸，就像现在的退休金，发给老弱多病无法继续工作的人；而阴俸如同现在的遗属生活补助费，是职工死后按照工龄长短发给其家属的生活费。虽然阳俸、阴俸成了胡庆余堂不小的一笔开支，却解除了员工的后顾之忧，员工个个都感恩戴德，努力工作，由此带来的经济效益远远超过了付出。

红花还需绿叶扶。每一个伟大的成功者背后都有无数的支持者。古今成大事者都离不开三个关键要素：天时、地利与人和。对于胡雪岩来说，晚清时期的社会环境，为他提供了官商结合的天时；王有龄在浙江官场的步步高升，让他占足了地利的好处。

如果仅仅限于这两点，胡雪岩也能发财，但绝对成不了震古烁今的大商人。胡雪岩要想更上一层楼，除了取官势外，还要取人势，求人和。从这个意义上说，一个要想在商界成就一番大事业的人，其最大的本事，应该就是会集聚人心、利用资源。

## 有瑕之玉的大用处

俗话说：金无足赤，人无完人。西汉的陈平投靠刘邦后，就有人告他的状。说他在家时与他嫂子私通，投靠项羽不被重用，投靠汉王后又收受贿赂，等等。刘邦找到陈平问清情况。陈平说："这些事确实都有，我哥去世后，为了侄子我娶了嫂子；项羽不重用我，我才离他而去；到你这里俸禄太低，我只好收礼养家。我可以帮你打天下但我不是圣贤，你要找圣贤我可以辞职。"最后，刘邦还是把他留下了。后来陈平当了丞相，为汉室立下了汗马功劳。企业用人也是这个道理。企业用人，不是在寻求圣人、贤人，而是寻求对企业有用的人。胡雪岩于此有自己的一套看法，别人不敢用的人，他敢用，而且用得很好。

在用人问题上，白璧无瑕、文武全才者固然是最理想的人选，但现实生活中往往会出现鱼和熊掌不可兼得的情况。这个时候，到底是用"有瑕之玉"还是"无瑕之石"，就完全看用人者的眼光了。胡雪岩在经营管理中，非常善于用人之长。用胡雪岩的话说则是："三年不做事不要紧，做一件事就值得养他三年。"有此等眼界，何患生意场没有人可交、没有人可用呢，又何患大事不成呢？

胡雪岩的二夫人芙蓉有一位不学无术的亲叔叔，原名叫刘三才，因嗜赌成性，又大肆挥霍，便被取了外号“刘不才”。不过，刘不才有两样绝对不干：吸鸦片和卖祖传药方。正是从这一点，胡雪岩看出此人还是有药可救的。事实也正是如此，刘不才并非自甘堕落，只因感到前途渺茫心中痛苦无处发泄而已。胡雪岩得知刘不才手上有几方祖传药方，但至死都不愿出卖时，便决定出资让刘三才自己做老板，开一家药店，并督促他改掉了许多恶习。但胡雪岩担心，刘不才的经营管理能力实在有限，难担重任。好在他还有一项“长处”，即花花公子的那一套吃喝嫖赌的全会。胡雪岩觉得，让他替自己去应酬那些富家子弟再合适不过了。

胡雪岩从事丝绸生意后发现有厚利可图，想在丝业上继续做大，但自己在上海势单力薄，很难在丝绸行业中立足。经过一番盘算，他想和上海丝业中的巨头庞二联手，这样就可以垄断整个上海的丝绸，获得巨额的利润。然而，庞二财大气粗，一般人难以接近，更难于合作。胡雪岩了解这一点之后，不敢贸然前往与他面谈，怕事情没有谈妥反而在他人面前暴露出自己的“野心”，处于十分被动和尴尬的境地。这时他想到了刘不才，胡雪岩觉得，通过刘不才来拉拢庞二将是一个极好的途径，但要恰到好处。为此，胡雪岩找到刘不才，面授机宜。

经过一番准备，胡雪岩通过丝业商会会长张大爷出面请客，邀约了庞二和另外两位商界朋友。大家都知道，无非是在牌桌上“小会”一次。三人聚在一起，在张大爷安排下打起了牌。胡雪岩给了刘不才四万银票陪庞二打牌。

刘不才在牌场上开始并不急于和牌，而是细观每位牌友的打法路数。他发觉庞二的牌打得很老练，但过于谨慎，往往是一副好牌都被他在手中捏死。而另外两位是见牌就和，有时做起大牌来，又打得很草率，显得经验不足。前四圈打下来，成了“三捆一”的局势，庞二牌风不顺，输了三万多两银子。虽然他嘴里不说，心里还是颇为痛心的。

打了一天牌后，四个人吃完夜宵又继续挑灯夜战。熟悉了各家打法之后，刘不才尽量压住另外两位，并极力帮助庞二和牌，争取挽回败局——这也是胡雪岩交给他的任务。他尽力扣住另两位牌路，极力帮庞二打好牌。庞二的牌风也顺起来了，乱吃乱碰都有理。他开始和牌了，并接连和了几次大牌，打得另外两位额头冒汗。刘不才见另两位也企图做大牌来挽回败局，他就以和小牌的方式来阻止他们，要不就宁愿“舍身”给庞二。结果，那二位越和不了牌，越没有章法，最后惨败而归。庞二大获全胜，最后反而赢了三万多两银子，刘不才也赢了一万多两。

庞二对于刘不才的暗中相助，早已是心领神会。因此，牌局散后，庞二拉了一把刘不才的手，说：“刘兄牌德不错！”并约定后天再打一场。告辞时，庞二一再叮嘱刘不才，后天务必光临，刘不才当然满口答应。

在第二次的牌局上，刘不才再次暗中协助庞二，使他再度心满意足。趁庞二得意之时，刘不才乘机把胡雪岩准备与他在丝业上联合的意思向他转告，庞二慨然应允。

庞二是阔少作风，遇事需胡雪岩拿出主意，而后全权委托胡雪岩办理。如此一来，胡雪岩在江南丝业就拥有相当的发言权了，很快就大发其财。

若没有刘不才牌桌上的努力，庞二不一定会答应在丝业上与胡雪岩联手，这种纨绔子弟仅靠说道理是说不通的，他们在意的是对方是否对自己的胃口。刘不才的能干，正恰到好处地用到了这一点上。这也体现了胡雪岩独特之处，在别人眼中不名一文甚至唯恐避之不及的刘不才，在胡雪岩收用之后却成为一位有用之才。

“一个人最大的本事，就是能用人”，是王有龄在时来运转、漕米难题圆满解决之后的一番感悟。后来，在胡雪岩功成名就、成为富可敌国的红顶商人后，古应春又对“胡财神”发自内心地说:“一个人最大的本事，就是能用人。小爷叔最会用人。”胡雪岩身边的许多人，在别人眼中都是“败家子”，但他们在胡的手下，一个个都是具有特殊作用、不可多得的人才。这正是胡雪岩“取人之长，容人之短，不求完人，但求能人”用人观的最好的体现。

胡雪岩的成功，应有大半功劳归功于其能识人和用人。只有能识人才能用人，只有能用好人才能够创造价值。胡雪岩的用人之道，对于今天的人们仍有莫大的借鉴作用。

## 多个朋友多条路，少个敌人少堵墙

清朝的宰相张廷玉与一位姓叶的侍郎都是安徽人。两家相并而居，都要起房造屋，为争地发生了争执。张老夫人便修书北京，要张宰相出面干预。这位宰相看罢来信，立即写诗劝导老夫人:“千里家书只为墙，再让三尺有何妨？万里长城今犹在，不见当年秦始皇。”张老夫人见书明理，立即主动把墙退让三尺，叶家见此情景，深感惭愧，也马上把墙让后三尺。就这样，张叶两家的院墙之间，形成了六尺宽的巷道，成了有名的“六尺巷”。张廷玉失去的是祖传的几分宅基地，换来的却是邻里和睦及流芳百世的美名。

聪明的人，并不会一味地争强好胜。在必要的时候，后退一步，避其锋芒，不仅能赢得旁观者的尊重，更能赢得对手的尊重。各退一步，化干戈为玉帛，又何乐而不为呢？胡雪岩一生中主动忍让、以大局为重的事例很多，比如，胡雪岩对张秀才的忍让就是一例。

张秀才在杭州城中是个秀才，包揽讼事，也算个地头蛇。王有龄刚刚坐镇杭州时推行改革。当时有一项对新开店铺征收规费的税，王有龄认为此税不该收，于是贴出告示禁止再收。钱塘、仁和两县的差役，不敢乱来，便指使张秀才去收这种费，讲明三七分账。谁知运气太差，张秀才收税之时正巧碰到知府大人王有龄的轿子路过，王有龄见此人在他贴布告的当日就敢如此大胆，于是勃然大怒，决定严惩张秀才。王有龄将张秀才厉声斥责了一顿，一定要革他的功名。这一下张秀才实在吓破了胆。一革秀才，便成白丁，不但见了官要磕头行礼，而且可以被掀翻在地打屁股，锁在衙门照墙边“枷号示众”。张秀才左思右想只有去找胡雪岩，于是带了老婆儿女到胡雪岩处跪地求助。胡雪岩也是一时大意，只当小事一件，顺口答应下来。哪知王有龄执意要按自己的意思办，说这件事与他的威信有关。当时王有龄正处于建立自己威信的时期，如何肯就这样草草了事？

胡雪岩好话说了一箩筐，王有龄总算答应退让一步。本来要革他功名，打他两百板子，枷号三个月。现在看在胡雪岩的分上，免掉他的皮肉之苦，但秀才功名仍然要革去。这样一来，张秀才认为胡雪岩不肯尽力，搪塞敷衍，从此怀恨在心，处处与胡雪岩为难。本来，以胡雪岩当时的关系要收拾张秀才易如反掌，不过，胡雪岩大度为怀放过了他。

几年后，太平军攻占杭州，张秀才依靠地头蛇的本领混了个看城门的官职。等清军准备收复杭州城时，胡雪岩想到了收服张秀才为内应的计策。

刘不才通过调查发现，这张秀才天不怕地不怕，除了官就怕他儿子小张。小张吃喝嫖赌，一应俱全。张秀才辛辛苦苦弄来的几个钱，都被宝贝儿子花没了。胡雪岩根据这一点，想了一套办法，让刘不才从小张身上下手。收服了小张，张秀才就不得不就范。于是，刘不才赌场上关照小张，获得了他的好感。

会面时，刘不才带去了最时兴的从上海带回的巧妙之物，惹得小张爱不释手。刘不才慷慨相赠，却说是一朋友赠的。到最后，胡雪岩出面说服了小张，还托刘不才带给张秀才消息，让他准备好自己的前途，并且送去保举书，答应事成之后保举他一官半职。另外，胡雪岩还重新解释了当时那场误会，让张秀才明白当年事情的经过。最后，张秀才答应做官军的内应，使官军顺利收复了杭州城。张秀才父子也因为打开城门迎接官军有功，使小张获得了一份官职。

有道是阎王好见，小鬼难缠。其实越是有身份越是素养高的人越容易相处，矛盾越容易化解，反而是那些长于炫耀的小鬼，最喜欢恃强凌弱。对于这些小鬼，要有适可而止的智慧，避免无意义的争执。当然，对于得寸进尺或愚顽不化的小人，也要讲手段。在这件事上，胡雪岩事先大度放过张秀才，委曲求全，后来又派人先从张秀才之子小张入手，以大局为重，晓以利害收复了他们做内应，立了大功。

凡事均有长有短、有阴有阳、有圆有缺、有利有弊、有胜有败，更何况是千变万化的人生！在处理争端与矛盾之时，为何不多想想怎样处理更好呢！当今变幻莫测，做人还是应该把眼光放远些，放弃局部利益，经营长远利益，成人之美，广结善缘，才是正道。

# 第四章 | 诚信待人，生意越做越红火

## ——胡雪岩的经商艺术

胡雪岩认为:“唯诚心待人，人自怀服；任术御物，物终不亲。”他所开办的商号买卖公道、童叟无欺，视商业信誉为生命。这些品质正是他的竞争对手所不具备的，同时，这也是胡雪岩战胜所有竞争对手、傲视商海的秘密武器！

## 生意是这样做的

明清时期，中国活跃着一个著名的商帮，他们就是商界赫赫有名的徽州商帮。他们活跃在大江南北，是明清时期中国商场的主宰，“无徽不成镇”是当时对徽州商帮繁荣的真实写照。而胡雪岩就是这 19 世纪中徽商的集大成者，当时中国头号官商。胡雪岩是清末历史上最具传奇色彩的一代富豪，是一个儒商加权术发迹的红顶商人。把握自己的命运，立志做第一流的人，拥有自己的事业，这是胡雪岩一生坚持的信念。这种信念，是成就大事业的内在驱动力。纵观胡雪岩的一生，他虽未熟读诗书，却能既富又贵，名满天下，成为中国晚清的第一大富商，中国历史上第一

个与外国银行开展金融业务的人，第一个获清廷特赐二品顶戴、赏黄马褂、可以在紫禁城骑马的红顶商人。

胡雪岩说过：“为人不可贪，为人不可奸。经商重信誉，无德不成商。”胡雪岩小时候一次到野外放牛捡到一个装有不少银两的包袱，当时他虽然很穷，却分文不差地还给了失主，这种品德为他赢得了走出小山村的机会，到县城做了一个小伙计。此后在六年的学徒期间，胡雪岩换了三个行当，每一次的改变，都完全靠他的诚信和努力不断提升着自己的地位和能力，从而抓住了人生中的机遇，开辟了一番大事业。胡雪岩经营企业的诚信精神，值得我们学习。

胡雪岩经商得法，眼光长远，灵活多变，仗义疏财，取舍巧当，被左宗棠视为“旷世不遇的商贾奇才”，世人更是将他当作经商典范。胡雪岩的过人之处在于，一是有眼光，能够识人，因人成事，先结交王有龄，后依附左宗棠，在左宗棠和李鸿章的夹缝之中开辟出一方天地。胡雪岩的处世哲学是：“多个朋友多条路，多个仇人多堵墙。”二是为人诚信，重信誉，一诺千金。毋庸置疑，对于商人，对于企业，信誉就是金钱，信誉甚至比金钱还要重要得多。从更广的意义上来说，信誉就是声誉，是企业的根本。与同仁堂南北辉映的百年老店胡庆余堂的经营宗旨就是人们塾知的“修合虽无人见，存心自有天知”，其用料之精，用工之细，享誉海内外。三是有政治头脑，深谙官场之道，恪守官场的潜规则。他每次见官，善拉交情，好交朋友，用尽心机，周旋于官府势力、江湖漕帮、洋商买办、三教九流之间。他虽生逢乱世，却善交权贵，纳粟助赈，左右逢源，抬头见喜，既平步青云，又日进斗金。胡雪岩的飞黄腾达与其熟谙、利用市场潜规则和依附官员之路分不开，“花花轿子人抬人，你好我好大家好”，最终达到双赢或多赢的目的。

为人要有品德，做事要有品质，生活要有品味，立业要有品位，不自轻自贱，不自暴自弃，不夜郎自大，不狂妄无礼。人生就是一个通过不断修“道”而达到自我完善的过程，不修身无以功成名就。做事的艺术也是做人的艺术。谚语说：磨刀不误砍柴工。做人就好比磨刀一样，只有先努力提升自己素质，才能更好地为做事所用，达到事半功倍的效果。

胡雪岩深知万事人为先、立业先为人的道理。他风云一生，离奇曲折，用他同时代人陈代卿的话来说，就是“游刃于官与商之间，追逐于时与势之中，品够了盛衰荣辱之味，尝尽了生死情义之道”。在这一过程中，他不仅掌握和运用了一套套成功的行商处事之道，而且留下了关于做人的许多充满哲理的精辟论述。

万事人为先，立业先为人！学会做人处世，是一个大问题。做事先做人，这是处世原则；立业先立德，这是做人原则。做事不做人，永远做不成事；做人不立德，永远做不好人！儒家的“达则兼济天下，穷则独善其身”更指明了个人的修养不仅是出世的条件，还是成就事业的强大资本。一座桥梁，要有桥墩为支柱，否则难以流通千车万人；一座高楼，要以地基为支柱，否则难以拔地而起；而人的支柱则是人的德性和品质。

## 轻财重义，绝不赚昧心钱

“信”是立身、行事的基本要求。荀子说：“诚者，君子之所守也，而政事之本也。”要取信于人、取信于民，必须以诚相待，欺骗是不能长久的。胡雪岩称得上是一个真正的仗义守信的成功商人，守信正是他能够获得比一般人大得多的成功的重要条件。

胡雪岩“轻财重义，业商而无市井之气”，主张“绝不赚昧心钱”，以做信义取利的诚贾廉商为荣。他把信义和取利结合在一起，在商界中美誉相传，形成了其稳固的商业地位。

王有龄解决漕米解运的难题时，松江帮老大尤五申述他的困境，由于手头紧，原想把这十几万石大米出手变现。胡雪岩了解到这一点，便要求张胖子从他的钱庄暂时划一笔款子给尤五，帮助尤五渡过眼前难关。当时张胖子已被胡雪岩收服，心甘情愿给他打“下手”。在胡雪岩与尤五谈话过程中，张胖子察言观色，立即明白胡雪岩的意思，因此，当胡雪岩将眼光向他投来时，说：“张兄，这下要你帮个忙了。”张胖子不假思索，满口答应：“理当效劳，只请吩咐。”并进一步解释只要是十万两银子左右的贷款，一定可以办妥。

由于答应得太快，尤五与其手下顾老板对望一眼，似乎有点不相信，连胡雪岩都有点意外。张胖子的话说得太容易、太意外，让人感觉似乎缺乏诚意。于是胡雪岩提醒张胖子，并用杭州方言相当认真地对张胖子说：“张老板，说话就是‘银子’，你不要‘玩儿不正经’！”张胖子会意，急忙解释：“我之所以放心借款给尤五哥，第一是漕帮的信用、面子；第二是浙江海运局这块招牌；第三，还有米在那里。有这三样担保，我难道还有什么不放心的？”从这里也可以看出，张胖子其实也是脑子转得很快的人，他想得很清楚，知道这是可以答应的事情，于是马上就答应了。

胡雪岩认为生意上的信用，其实来自生意人的信义。一个过河拆桥的人，是不可能有什么信用可言的，人们也绝不会相信这种人所谓的“信用”。

胡雪岩一生中收过两个徒弟。第一个是陈世龙，这人后来成为胡雪岩湖州丝业收购行的总代理。对陈世龙，胡雪岩花了很大的心思去培养和教导。对陈世龙而言，胡雪岩既是长辈和师傅，又是恩人。

第二个徒弟是阿巧姐的弟弟福山。阿巧姐和胡雪岩要好后，向胡雪岩提出要求，请他将这个弟弟带出来学做生意。初次见面，胡雪岩观察了他一番，发现福山算盘打得又快又准，人也很机灵，就决定把他收下来。

在收福山为徒时，胡雪岩说了一番教导的话，告诉他光会打算盘是不够的，若想把生意做大，还有很多东西要学。胡雪岩说了这样一段话：“要想吃得开，一定要说话算数，所以答应人家之前，先要想一想自己能否做得到，做得到的事情，可以爽快答应，之后就一定要去做到。做不到的事情，千万不可答应人家。”

这番话讲的是做人的“信义”和做生意的信用问题。从这里可以看出，胡雪岩对信用是如何的重视。

诚信和仁义是胡雪岩长盛不衰的保障。义与利是一对矛盾，经商的目的在于赚取利润，如果重义而不求利，就违背了经商的目的；而若重利而不讲义，则有悖社会公德，终究会损害商人的长远利益。胡雪岩能将义与利的关系处理得恰到好处，这就是他的过人之处。

胡雪岩的诚信之光处处可见。可以说是他的诚信，改变了他的生存环境。他从容地流转于红顶子、生意场之间，创造了令人瞩目的商业奇迹。除了独特的经营之道，胡雪岩纵横商场的做人智慧，至今仍能提供不少借鉴。

如今，诚信经营已经是国际市场经济发展的要求，也是现代

人始终坚持的一条最基本的信条。阿里巴巴董事局主席马云认为："诚信才是世界上最大的财富。"

古人云："天失信，三光不明；地失信，四时不成；人失信，五德不行。"因而，有大智慧的人在工作中始终信守对客户、对同事的承诺，做到言行一致，非常珍惜信用。我们可以不承诺，但对承诺的事情必须全力以赴。

## 言必行，行必果

胡雪岩经常说："做人无非是讲个信义，生意失败，还可以重新来过；做人失败，不但再无复起的机会，而且几十年的声名，付之东流。"其实，做生意与做人，本质上是一致的，一个真正成功的商人，往往也是一个讲信义之人。

胡雪岩的钱庄刚开业不久，接待了一位特殊客户：他存入阜康一万二千两银子，却不要利息，也不用存折。这位客户就是绿营军官罗尚德。随后，胡雪岩了解到罗尚德是四川人，家境相当不错，但从小不务正业，是个十足的败家子，把父母气得双双亡故。罗尚德从小订过一门亲，女方家里也是当地一个财主。好赌的罗尚德不时伸手向岳父家要钱，前后共用去岳父家一万五千两银子。后来女家见他不成材，便提出退婚，并说如果罗尚德肯把女家订婚时的庚帖退还，他们可以不要这一万五千两银子，另外再送他一千两。不过希望他今后能到外地谋生，免得在家乡沦为乞丐，给死去的父母丢脸。这大大刺激了罗尚德，他不仅同意退婚，还发誓做牛做马也要还这一万五千两银子。

罗尚德后来从军，辛苦了十三年才熬到六品武官的位置。他省吃俭用，积攒了一万二千两银子。如今罗尚德接到命令，要到江苏与太平军打仗，没有亲眷可以相托，听说阜康的老板胡雪岩为人很讲义气，慕名将银子抬到阜康，直接要求见胡雪岩面谈。他相信有口皆碑的阜康必定会重信誉，因此，并不要利息，甚至连存折也不要。因为自己要上战场，生死由命，存折放在身上也是一种麻烦。得知罗尚德此情，胡雪岩建议罗尚德存一万两银子定期。虽然对方要求不要利息，但仍然以三年定期存款的利息照算，三年之后来取，连本加息一次付给一万五千两银子。另外两千两银子作为活期，随时都可以支取。所有这些存银都要立上存折，因罗尚德不便携带，暂由钱庄档手刘庆生代管。

胡雪岩的做法实在是讲信用讲到了底。罗尚德非常感动，回到军营后讲述了自己在阜康钱庄的经历，使阜康钱庄的声誉一下子就在军营中传开了。许多军营官兵把自己多年积攒的薪饷甘愿"长期无息"地存入阜康钱庄。当时胡雪岩的钱庄是新开的，根本没有多少流通资金，可以说军营中官兵的这些存款成了阜康钱庄的"第一桶金"。

后来罗尚德战死，阵亡之前，他委托两位同乡将自己在阜康的存款取出，转给老家的亲戚。罗尚德的两位同乡没有任何凭据便来到阜康钱庄，办理这笔存款的转移手续。他们原以为会遇到一些刁难和麻烦，甚至认为阜康会赖掉这笔账。没想到阜康只是为了证实他们确实是罗尚德的同乡，而让他们请刘二这个双方的熟人做个证明之外，并没有任何刁难，就立刻为他们办理手续，还照算了利息。

生意人的信誉是由他一贯的守信作风建立起来的。胡雪岩坚守信用，始终如一。无论从做人的角度看，还是从做生意的角度看，信誉其实都很重要。一个生意人的信用，既要看他在某一桩具体生意运作过程中的守信程度，更要看他一贯的信誉状况。生意人建立信誉不容易，一次信用危机，足以使一辈子建立起来的守信用形象坍塌。胡雪岩认为，为人最重要的是讲究信用，如果辛苦一生为自己创下的牌子，为一两件事就把招牌砸了，实在不划算。

对于诚信，美国前国务卿、著名学者基辛格就说过："在外行人眼里，外交家是狡诈的。而明智的外交家相当清楚，绝不能愚弄对方。从长远的观点看，可靠和公平是一笔重要的资产。"的确，单从实用主义角度来看，诚信对于商人来说绝对重要。

我国自古就有"民以食为天，商以信为本"之说，海内外成功的华商都恪守中华民族的传统美德：诚实、守信，以诚实获利，以信用获得美誉。成功的企业都是那些讲诚、信的企业。由于受到很多像胡雪岩这种前辈的影响，世界船王包玉刚也非常讲信用，他常说："签订合同是一种必不可少的惯例手续。纸上的合同可以撕毁，但签订在心上的合同是撕不毁的。人与人之间的友谊应该建立在相互信任的基础上。"他恪守信用，从不夸海口，而是实实在在地一步一个脚印地扩展他的业务。

1970年，航运市场看好，许多公司都积极争取在日本造船，船厂几乎不肯接受新订单。没多久，市场状况发生逆转，许多船只都租不出去，建造中的船只总吨位急剧下降。可是包玉刚仍然不断地向日本订船。1971年，差不多是在船运市场最糟糕的时候，包玉刚订造了六艘船，总吨位是一百五十万吨，从而解了船厂的燃眉之急。后来，包氏在日本造船总是能一帆风顺，而且被日本的造船界誉为："我们最尊贵的主顾。"

在现代市场经济条件下，信用、信誉是商人价值连城的无形资产。包玉刚争夺香港最大的码头——九龙仓的控股权，就是以其在香港银行长期良好的信用记录，与英国财团展开了一场收购与反收购战，在短短的几天里，调动了二十多亿元现金，从而赢得了这场号称“世纪收购战”的胜利。

包玉刚曾经说过：“如果在金钱与信誉的天平上让我选择的话，我选择信誉。”包玉刚重信誉、守信用的品格在香港商界是有口皆碑的。他那“言必信，行必果”的豪爽作风，使其朋友满天下。

## 一诺千金，说一句算一句

胡雪岩身为商人，深深懂得信用的重要性。只有重信用，才有立身之本，做其他生意的时候才能够拿得起，做得开。胡雪岩相信，只要这个“信”做得好，便能财源滚滚，长流不断。

西方管理学家帕金森曾说:“关系到一个人未来前途的许诺是一件极为严肃的事，它将在长时间里被一字一句地记住。”胡雪岩深知信诺对于别人的重要性：如果承诺不能兑现，他人就会对自己失望，自己也就失去了影响力。在当今的商业社会中，信誉举足轻重，无论从事什么行业都需要信誉，都不能让自己的信誉有损。

胡雪岩曾经有过一个承诺，在二十多年后才兑现。当时，胡雪岩把钱庄的五百两银子资助给王有龄去京中捐官。此举是犯了钱庄大忌，被钱庄赶了出来。这样一来，胡雪岩在杭州的生计算是断了，不得不跑到上海找朋友谋个活过生活。不巧的是，他的朋友有紧急事情去了浙江绍兴，于是胡雪岩只好找了一家小客栈住下来等朋友。谁知这一等就等了十天，人没等到，盘缠却用光了，只好在小客栈里苦熬日子。

最后，胡雪岩实在没办法了，就拿长袍衣服当掉换钱吃饭。吃饱后付账，忽然发现当票弄丢了，这样以后即使有钱也赎不回来了。胡雪岩当时并不十分在意，丢了就丢了，等以后有钱做件新的也一样。

第二天，有人将当掉的那件长袍衣服送到胡雪岩的住处。打听之后，才知道来龙去脉。老板的女儿阿彩，由于在前堂招待客人，天天见胡雪岩来吃饭，买的东西越来越少，这天忽然发现他身上的长袍衣服不见了。后来胡雪岩付账时，不小心把长袍衣服当票掉在地上，直到打烊时才被店里伙计阿利发现，送交给账台阿彩。阿彩悄悄将长袍衣服赎了出来，请阿利送回。胡雪岩了解事情经过后，非常感动，便托阿利给阿彩带了句话：代我谢谢阿彩姑娘，她替我垫的钱，以后会加倍奉还。不过，胡雪岩一离开上海就没有再见到过阿彩的面。在以后的二十多年中，胡雪岩也曾想起要还款，但不便对人说出当年的情况，后来，这件事情就这样被耽误下来。

多年后，胡雪岩到上海与古应春商量处理钱庄的办法。正事谈完后，信步到夜市逛逛，偶然中，胡雪岩踏进了当年的那家客栈，见到了阿彩姑娘，这位当初站账台招待客人的姑娘，如今已成了客栈的老板娘。当年的伙计阿利是现在的老板，他入赘成了阿彩的丈夫。

当时阿彩等正准备将客栈翻造，需要用到三千两银子，夫妻俩的积蓄远远不够，正为此发愁。胡雪岩问明了情况，决定一定要好好在这件事上帮一把，于是叫古应春带三千两银子的汇票给阿利，再叫古应春去告诉他们事情的前因后果。这件事办好后，胡雪岩感到十分高兴。

胡雪岩认为，经商的大忌就是轻诺寡信，乱开空头支票。答应别人的事情就要千方百计地去做好，如果做不到就不要随便许诺。

在国际商界享有崇高威望的日本商人藤田先生由于重诺守信，生意越做越红火。1968年初，美国石油公司向藤田订购了三百万把餐刀和叉子，交货日期是9月1日，交货地点在芝加哥。藤田立即请岐阜县关市的厂家为他赶做。餐刀和叉子的生产厂家都集中在关市，厂家都信心十足："放心吧，藤田先生。"这样看来，准时交货应该没问题了，藤田做了这样的估计。他的打算是，8月1日由横滨发货，9月1日可以在芝加哥交货，时间充裕。

为慎重起见，过了一段时间后，藤田特地赶到厂家看看生产的过程，他差点气晕了过去。"都忙着赶插秧了。"厂商们无关痛痒地给他做出这样的解释。藤田不禁怒火中烧。"无论你说哪天交货，按常理来说，现在是无法完成的，你要我们加速，我们可没有办法。"厂商们完全不分曲直。藤田告诉他们，对方是犹太商人，可厂家却说："稍微迟一点交货，对方也不至于会发火吧？"要8月1日从横滨发货，就必须在7月中旬从关市发货。要如期交货，除使用飞机以外，没其他方法了。而租一架直飞东京—芝加哥的飞机要三万美元，三百万把餐刀和叉子的价值是无论如何也弥补不了的。

尽管如此，藤田为了信守合约还是租用了飞机。因为是跟犹太人做生意，所以他绝没有按期不交货的道理。犹太人是不听解释的，他们的惯例是：无须辩解。藤田即使亏损一千万日元，也绝不能让犹太人对他产生不信任。于是，他花钱租下泛美航空公司的波音707货机按期交货。虽然第一单生意赔了钱，但保交货期的钱没有白花。次年，美国石油公司又向藤田订购了六百万把餐刀和叉子。六百万把，这是关市历史上最大的一次订货。全市所有工厂都承接了美国石油公司的订货。然而，这批货同样也不能按期完成。不得已，藤田只好再次租用了飞机。

两次租用飞机，使他蒙受了巨大的损失。然而，飞机的租金，使他买到了用钱买不到的犹太商人的信任。后来，订单开始源源不断地飞来，生意也越做越大，最终让藤田获得了巨额利润。

纵观现代商业市场，信誉已成为企业生存的关键。取信于民成为企业发展的重要手段。“凡是应承的，都要做到”，这是做人所必须做到的。

李嘉诚先生说:“建立个人和企业良好的信誉，这是资产负债表中见不到的，但却是价值无限的资产。”在这个社会上不仅人人都必须讲信用，而且要把信用讲好、讲出名气。一个人如果讲信用，树立了信誉，那么他就享有一种无形的资产，这样的人去做事情总是比一般人多几分成功的可能。

## 诚信经营，绝不欺诈

古往今来,“诚信”一向被中国人视为修身之本，是待人处世的道德规范。这也是中国传统的管理思想中所重视的“贤能”的一个重要标准。儒家思想强调“民无信不立”，宣扬“货真价实，童叟无欺”，要求商人“笃实至诚”。从商品经济发展史来看，无论中外，商品经济越发达，商业精神越旺盛，就越要恪守信用。

无论做生丝生意还是经营药店，胡雪岩都极其重视所经营的货物品质，自我检查一丝不苟。凭借着童叟无欺、货不二价的宗旨，他成功地在杭州树起了胡庆余堂这块金字招牌。一位成功的商人必须视信誉如生命、一言九鼎、一诺千金。胡雪岩深知“诚信至利，欺诈招害”的道理，在经商过程中一直坚持做到以诚信为本。

胡雪岩生活的地方适逢太平天国起义，伤病者不计其数，于是胡雪岩有了开设药号的想法。在 1874 年，他下定决心创立了胡庆余堂，自产自销各种中成药和原始中草药。胡雪岩深知中医作为一门古老的科学，是容不得半点虚假的。因此，在胡庆余堂创建初期，定下六条规矩：第一戒欺，第二诚信，第三不得以次充好，第四是不得以假乱真，第五童叟无欺，第六货不二价。

“戒欺”是胡庆余堂的堂规，也就是不用欺骗手段牟取高利，讲究真材实料。胡庆余堂博物馆保存了国家一级文物金铲银锅，这是专门用于“局方紫雪丹”的生产。因为“局方紫雪丹”是一味镇惊通窍的急救药，在制作时因其中一味药易与铜铁等一般金属发生化学反应。为保证药品疗效，胡雪岩不惜花费黄金 133 克，白银 1875 克制成了金铲银锅。胡庆余堂还有一句话，就是“修合无人见，诚信有天知”。这个天，就是老百姓。要讲诚信，不应欺骗老百姓。再如，配制“金鹿丸”，需用鹿身上三十多种珍贵药材。为保证原料质量，他们便自辟养鹿地，以保证绝对货真价实。他们在制作“金鹿丸”那天，选择黄道吉日，由店内伙计抬着即将被宰杀的活鹿敲锣打鼓上街游行，向大众表明胡庆余堂制药绝无虚假。

胡雪岩广邀著名医师收集古方良帖进行研究，选出四百多种验方，并亲手写就“戒欺”二字的匾额。这是他创办药店以“信”为本的真实写照。“戒欺”匾上刻有文字告诫店员：“凡百贸易均着不得欺字，药业关系性命，尤为万不可欺，余存心济世，誓不以劣品得厚利。唯愿诸君心余之心，采办务真，修制务精，不致欺予以欺世人……”为了让“戒欺”精神深入人心，药店在开张之日，胡雪岩亲自去站柜台，还在店堂内放置了一只大香炉，终年香烟缭绕。碰上顾客拿着不满意的药来交涉，一律投入香炉以焚之，并另配新药。

胡雪岩十分重视产品质量。他经常对下边人说“修和虽无人见，存心自有天知”。1874年以前，杭州经营国药的药店只有一家，就是叶种德堂，价贵且质次。这一时期，中国由于连年战乱，瘟疫疾病蔓延，死亡率激增，人口出现负增长，而一些唯利是图的买卖人，尤其是经营国药的商人，乘机发国难财，造成中国市场上假货肆溢，欺诈横行。为了打破国药的垄断局面，抑止药品质次价高的状况，胡雪岩毅然斥资二十万两白银，创办了胡庆余堂。据说这里还有一个他个人的原因，有一次他的小妾生病，到叶种德堂抓药，吃后病情反而加重，胡雪岩找郎中一看，不但药里品种不全，药量不足，而且有变质发霉之状，他立即派伙计找到药堂，药堂不但不承认，反而还奚落他的伙计。据说这也成为胡雪岩决意要开药堂的原因之一。

胡雪岩请精通药生意的小妾芙蓉的叔公抓管理，在大堂正面悬挂“真不二价”的匾额。胡雪岩要求凡出自胡庆余堂的药品一律货真价实，建立了类似现在的岗位责任制。有一次，一个库工误把一批豹骨当作虎骨上了柜，发现时已卖出几份。胡雪岩知道此事后，立即责成库工要找到这几个买药人，把药换回来并诚挚地道歉。好在胡庆余堂留有每个买药人的资料，其中有一个买药人是从嘉兴来的，伙计就步行百里找到此人。正是靠着这种信誉，胡庆余堂的买卖才迅速做大，成为名扬中国的大药店。

“戒欺”和“真不二价”等经营之道，不仅为胡庆余堂奠定了称雄江南药业的基础，同时也为胡雪岩本人赢得了可观的利润和百余年的好声名。这印证了我们今天反复讲的社会效益和经济效益的关系。

## 可以机巧奸诈，但必须愿赌服输

相传子贡曾向孔子请教为国政治的目标，孔子答道："确保粮食的充足，军备的扩充，以及对人民的信义。"

"三者如果要舍其一，应该放弃哪一条呢？"

"军备。"

"不得已再舍其一，又该如何？"

"粮食。人难免一死，但如果信用全失，不讲信义，根本与禽兽无异。这时活着又有什么意思呢？"孔子的这句话，令人深思。

守信对于做人和治国都具有非常重要的意义和作用。作为个人若能守信，人亦信之，其信用越高，声誉越大，越能得到人们的敬佩与支持，就可以有所成就。

胡雪岩钱庄出现银两短缺的危机，听到风声的人们都赶来挤兑。钱庄总管宓本常由于平时挪用了部分存银，用于自己的小货生意，看到外头排起了长队，心里很慌，问一下时间，才发现还不到开门营业时间。像这样的钱庄分号，一般在上午9点营业，但看见钱庄外人头攒动，宓本常便决定提早营业，8点50将排门打开。为什么会出现这样的情况呢？原来市面谣言已经传得很厉害，说胡雪岩已经元气大伤、朝不保夕了。据说他跟洋人在丝茧上斗法，已经处于下风，上海虽无动静，但存在天津的丝贱价出售，亏损不少。并且应付的洋债，到期仍无法清偿。当天下午就连续有人提了百千两银子走，甚至还有个人带着车和脚夫取走二万四千两银子，这二万四千两银子就是一千多斤，开箱验银，形成很大的场面，聚集了一些看热闹的人，大家议论纷纷，对钱庄产生了信任危机。等到晚上打烊，掌柜关起排门来查一下，发现钱庄中只剩现银一万八千多两。形势太紧迫了！店中伙计连夜出动奔走，将能够集中的现银加在一起一算，共十二万两。宓本常将应收应付的账目重新仔细核算一下，能够动用的现银，总数是二十三万两左右。宓本常暗道："只要不出鬼，就完全够了。"

谁知"屋漏偏逢连夜雨"，第二天一大早，外面就又排起了长龙。伙计们受过预先的叮嘱，运作要尽量放慢。而有的人拿存折来提存，需要结算利息，这样一来就更慢了。站柜台的共有六个人，一个钟头只处理了四五十个客户，被提走的银子不足一万两，局势好像可以控制住。但到了近午时分，却来了一个瘦小老头，要求提十万现银，阜康一时提不出，后来又有人要求提十八万和二十五万的，都没有提到。伙计推说等明天再过来提，但这些出去的人一说，外头更是人声鼎沸。渐渐地，款子已经提不出去了，因为午后上门的客户越来越多，于是午后刚过，便早早关了排门。

胡雪岩后来对此很不满意，严厉批评了宓本常，说做生意失去信用，必定很难保全。胡雪岩在生意场上信奉"赌奸赌诈不赌赖"。"赌奸赌诈不赌赖"是旧时流行于赌馆牌桌的一句行话。它的意思是你可以运用你的任何手段去击败对手，只要你做得高明巧妙不被人发现，即使机巧奸诈也都可以被允许，但必须愿赌服输，下出的任何赌注都必须兑现，不得反悔。

上海发生挤兑风潮，阜康钱庄不得不关门停业，由此引发的后果波及杭州。杭州钱庄里所存现银仅有四十万两，如果挤兑风潮席卷而来，明显无法支撑。此时胡雪岩还在回杭州的船上，回到杭州至少还得两天，杭州只有钱庄档手谢云清和罗四太太，此时他们也有些乱了阵脚，两人商量之后，认为除了暂时歇业等待胡雪岩归来，再没有更好的办法。于是由杭州府出面，贴出告示，告示坦言“由于时事不靖，银根难得宽裕，周转一时不灵”，故而停业三天，待胡雪岩回杭，即会照常开门，应付裕如。没有料到的是，告示一出，马上激起了极大风波，在阜康有存款的客户纷纷涌到阜康钱庄，要求立即提现，幸亏有曾得胡雪岩资助的杭州府书办周少棠出手相助，才没有闹出太大的乱子。

一个经营者，在平时就要保持自己的诚信好义的品德，遇到困难才会有人肯帮助渡过难关。身陷困境时，更要用自己的诚信带动大家走出困境。如果一个人的信用太差，人们都不愿意和他交往，自然很难成功。

# 第五章 | 做事先做人，商道其实就是人道

## ——胡雪岩的圆融之道

胡雪岩认为“商道即人道”，做生意首先要学会做人。一个人品好的商人，既得人缘，又得生意。为人忠厚、人情通达、眼光敏锐、手腕灵活、富有人情味和豪侠气，这就是胡雪岩做人的成功之道，同时，也是胡雪岩经商的成功之道！

## 有钱大家一起赚，有财大家一起发

俗话说：同行是冤家。同行之间存在着利益冲突，激烈的竞争往往使同行成为冤家。其实，同行本是一种缘分。胡雪岩的商德之所以为人称道，很重要的一条，就是把同行的情义看得高于眼前利益，在面对激烈竞争时，做到了一般商人难以做到的——不抢同行的饭碗。胡雪岩经商多年，自然是深谙此道。他知道虽然彼此存在着竞争，但为了共同的利益，大家是可以走到一起的。

胡雪岩开钱庄时，官府曾发行一种官票。经过思索，胡雪岩觉得官票可以收购，但靠阜康一家钱庄毕竟势单力孤，恐怕做不下来。于是由阜康带头，与他的竞争对手——杭州大大小小几十

家钱庄合作，支持官府发行的官票。此举果然收到奇效，阜康由于率先认购官票，得到了朝廷的嘉奖，成为军队的专营钱庄，获利丰厚。

胡雪岩常对帮他做事的人说：“天下的饭，一个人是吃不完的，只有联络同行，要他们跟着自己走。”话虽朴实无奇，却显示出胡雪岩对商场运作规律的深刻理解。合作是一件充满智慧的事情，有些事情只有人们相互合作才能做成。而所有成功人士都有一个共同之处，就是他们都注重团结协作。其实，很多时候与人合作，并不意味着自己吃亏，因为与人团结协作就是壮大自己。

胡雪岩的生丝生意要销洋庄，因而要和庞二合作。庞二是南浔有名的丝行世家，几代的积蓄，虽不能说富可敌国，但其实力雄厚，也远非人们所能想象。特别是庞家从道光末年中外通商开始，就做起销洋庄的生意，在上海洋庄同行中是数一数二的大户。胡雪岩想控制市场、垄断价格，然而此时的他实际上还只是丝行生意的新手，无论实力、经验都还达不到独立运作的程度，像庞二这样的丝商大户，自然就成了他必须寻求的商场合作对象。

不过，要与庞二合作，也不是一件容易的事情。一方面，庞二本来就是一个富家公子，送钱送礼他都不稀罕；另一方面，庞二还是一个捐班的道台。一个富家公子花钱买一顶道台的顶戴，原本只是买一个身份。据说庞二平时虽然不穿官服，但如果哪位州县官在他面前摆官架，那他摆出来的官架，就比那些官还高一筹。因此，胡雪岩也无法借助王有龄这样真正的官去压服他。

在这种情况下，胡雪岩为了说服庞二，专门让刘不才出马。刘不才受胡雪岩的指派，专门陪着庞二连赌两天两夜，使庞二连连大赢，大出风头，真正把庞二伺候得舒舒服服，庞二也因此把刘不才看作玩乐场不可多得的朋友。此后，刘不才方才撮合庞二和胡雪岩联合，一起控制了上海的洋庄市场。后来，庞二甚至将自己在上海的生意也全权委托胡雪岩打理，最后与胡雪岩结成了一对牢不可破的生意伙伴。

人们常说，商场如战场，只有你死我活的竞争，却往往忽略了商场还有另一面，即商场也需要有合作。一个简单的事实是，不管你实力有多强，也不管你的本事有多高，你都无法占有整个市场。如今，通过有效合作互利互惠的案例已比比皆是。

香港地产巨子郭得胜在创业之初，常让利与人，用心经营，生意日渐兴隆，他批发的华洋杂货及工业原料，价格都很适中，街坊都说“他是个老实商人”。也奇怪，人越老实，客户越喜欢跟你做生意。生意做大了，郭得胜便又向东南亚拓展市场。1952年索性将企业改称为鸿昌进出口有限公司，专注洋货批发。没多久，街坊不再称他郭先生，而是叫他“洋杂大王”了。实践证明，采用让利法则不仅能够吸引顾客的购买欲，还能够招来更多的合作伙伴，使你的财源滚滚而来。郭得胜通过分利与人、诚实经商获得了巨大的成功。

生意人应遵循这样一个原则：只要是有利可图的交易，你赚一百，别人赚一千，对于你来讲也是成功的。这个道理其实很简单，如果你不让别人赚一千，你自己也许连那一百都赚不到。如果绞尽脑汁相互拼杀，最后也许只能是两败俱伤。对于一个商人来说，利益是应放在第一位，但如果双方合作可以谋得更大的利益，又何乐而不为呢？毕竟少一些对抗，多一些合作，不仅对别人有利，而且对自己也有好处。

## 宁可亏银子不要亏感情——人情投资的学问

曾有这样一种说法：商场讲究关系学。所谓的商场关系学，主要是指协调商界同行或者合作伙伴关系的技巧。只有精通商场关系学的门道，才能做到在生意场上广交朋友。胡雪岩的宁可亏银子也要赚感情的经商之道使他赚得了人缘，也让他赢得了辉煌的人生。

胡雪岩在生意场上有极响的名声，无论黑道红道都把他看做是做事漂亮的场面人物，愿意帮他做事或与他合作。这与他的不重金钱重感情是分不开的。

当初王有龄因筹集漕米有功，很快由海运局坐办改升任湖州知府。王有龄高升的时间是四月末，正是端午节的前夕。当时官场有不成文的规矩，一方官员和地方士绅逢年节都必须给主官送一份“节敬”。因此王有龄如果赶在端午节之前上任，就可以收到一笔不菲的“节敬”。因为这是定例，也是潜规则，他拿这笔“节敬”合情合理也没什么大碍。实际上，王有龄本来打算五月初一就到湖州上任。但当王有龄征求胡雪岩的意见时，胡雪岩思考一番后劝说王有龄改变了想法。胡雪岩认为赶在五月初一去上任，无非就是为了那笔“节敬”，但这笔“节敬”王有龄不需要拿。对此，胡雪岩的理由有两条：第一,“节敬”只此一份，应当给前任知府，为前任着想，不能去抢了人家的好处；第二，更深一层说，抢别人的好处必定会得罪对方，结下怨恨。铜钱银子用得完，得罪了一个人要再去补救就不容易了。王有龄听了，不由为之折服。

再如，胡雪岩的第一笔丝生意做成之后明着看赚了十八万两银子，但算下细账来，该打点的打点出去，该分出的“花红”分出去之后，不仅自己为筹办钱庄所借款项无法还清，甚至还要倒贴进去一万多两银子，等于是白忙活了一场。在这种情况下，该给自己的帮手或合作伙伴如古应春、郁四、尤五等的“花红”，胡雪岩仍是爽快付出，没有半点犹豫。

通过此举，不仅使合作伙伴朋友们看到了生意运作中胡雪岩的才能，更让朋友们看到他注重朋友情分，可以同甘苦、共患难的义气。说到底，处理好钱财账与人情账的关系，也是商场“关系学”中必有之义。胡雪岩不在乎银钱的赚赔出入，只赚人情，让人不能不佩服他的大气和远见。假如他只盯着自己的收入而一毛不拔，恐怕只会得不偿失。

胡雪岩认为做生意要不为赚钱而结怨，不抢别人的好处，这是调节商场人际关系时要优先考虑的问题。同时，为了不在同行中处于孤立地位，还有一条重要原则，即不招妒。因招妒而树敌，这“敌”比一般意义上的“敌”还可怕，因为他常常是藏在暗处，难以对付。

自太平天国兴起后，胡雪岩看到各地纷纷招兵买马、办团练自保，尤其是江浙一带，直接受到太平军的威胁，人心惶惶，更是大办团练、扩充军队。有了兵就要有兵器，因而各地急需大批军火。胡雪岩看准了这一点，决定利用自己在官场的关系，做军火生意。

胡雪岩首先游说官府，大吹洋枪洋炮的好处，打动官府的决策人。经过一番打点，官府同意购买。胡雪岩与洋人议定了每支二十两银子的购进价格，准备交易。就在这时出了意外，浙江局的龚振麟父子走了浙江抚台三姨太的路子，斜插了一杆，以三十二两银子一支的价格与洋人签了一万五千支洋枪的合同，而且已经进入实质性阶段。

本来是自己的生意却被别人抢走，而且对方一笔生意虚报十八万两银子的“虚头”以中饱私囊，以胡雪岩的为人和性格，自然是不会听之任之的。对此，胡雪岩与朋友嵇鹤龄、裘丰言周密筹划，抓住龚家父子的把柄展开攻势，终于迫使龚家父子就范，让出了五万两银子的好处。

钱到手后，胡雪岩却认为不能要这五万两银子。因为五万两银子不是一笔小数目，实际等于是剜了对方的心头肉，拿了这五万两银子，对方一定会记恨自己。为了钱让对方记恨自己划不来。而且，这笔五万两银子好处，打点抚台衙门后只剩一万五千两。就这一万五千两，胡雪岩也建议派作三股，裘丰言得两股，剩下五千给龚家父子，而自己和嵇鹤龄分文不要。

胡雪岩如此处理这桩生意，使得有人不理解。到手的钱却不拿，自然是让人不好理解。但胡雪岩有自己的道理，那就是钱要拿得舒服，拿了以后会不舒服的钱，拿了可能会在生意场中伤了感情又树敌的钱，即使该拿也不拿。胡雪岩的这一番考虑确实有道理。事实上在这桩生意的运作过程中，龚家父子本就对胡雪岩心存怨恨，正是由于胡雪岩的这一番化解，使龚家父子不仅知道胡雪岩手段厉害，而且也知道胡雪岩是一个办事极“漂亮”的人物，最后由怨恨转为钦服，成为了胡雪岩生意场上的朋友。

古语说：天下熙熙，皆为利来，天下攘攘，皆为利往。对于经商，中国人一直以谋求利益为经商之目的，没有利润的事情是商人们所不愿意涉足的。然而，胡雪岩却与众不同，他做生意，向来把人缘放在第一位。胡雪岩有句名言，说做生意的人要学会“前半夜想想自己，后半夜想想别人”，认为只有经常设身处地为他人着想，才能做大生意。胡雪岩是这么说的，更是这么做的。正是如此，他才能从一个贫寒伙计，一跃成为富甲天下的红顶商人。

## 别人需要的时候，正是你出手的时候

胡雪岩说："吾行商之顺，源于能与机遇、时势并行走也。"机遇，往往青睐有准备的人。它与眼泪、懦弱、懈怠无缘。目光敏锐的人，总能把握好一个时机，看到一个多数人看不到的需求点，然后出手如电，给自己创造了一个成就大业的好机遇。很多人在事后才发现那是多么好的一个机会，然而很多人就输在了没有及时发现这个需求点，也没能及时出手使之为我所用。

拿破仑·波拿巴原来只是一个小小的尉级炮兵军官。1793年，他被派往前线，参加进攻土伦的战役。正当革命军前线指挥官面对土伦坚固的防守犯难的时候，拿破仑立刻抓住这个机会，直接向特派员萨利切蒂提出了新的作战方案。在特派员苦无良策时，看拿破仑的方案很有新意，就立即任命拿破仑为攻城炮兵副指挥，并将其提升为少校。拿破仑抓住这个机遇，在前线精心谋划，勇敢战斗，充分显示出他的胆识和才智，最后攻克了土伦。拿破仑因此荣立战功，并被破格提升为少将旅长，一举成名。这次行动也为拿破仑后来登上权力顶峰奠定了基础。可见，机遇对于每个人都是非常重要的！

商场如战场，乱世出英雄。乱世的商机有时候比太平盛世来得更为猛烈。在兵荒马乱的战争时代，一般商人的心态多半是后退和收缩，以求保全现有钱财，少惹祸端。而胡雪岩想到的始终是发展，他凭着一双锐利精明的眼睛，总能在乱世夹缝中为自己开出一条条财路。

胡雪岩刚开始做丝生意，最初是打算销往杭州，后来听郁四说要销到洋庄才能赚得更多，于是立刻改变主意，把丝销往上海洋庄。

在筹划投资典当业、药店的同时，胡雪岩还想到另一项与国计民生有关的大事业，他准备借用漕帮的人力，以漕帮在水路上的势力，以及他们现有的船只，承揽公私货运，同时以松江漕帮在上海的通裕米行作为基础，大规模贩卖粮食。胡雪岩要为自己打开货运和粮食买卖这两片前景广阔的天地。

投资大规模贩运粮食，本身也是一桩有利可图的事业。这桩生意有利可图，是因为此时已经具备了三个条件，而且这三个条件都与时局有关。第一，时下太平军沿长江流域大举进攻东南，战乱之中，大片田地荒芜，粮食出产极少，正是米价纷扬之时，贩运粮食必有利可图。第二，兵荒马乱，战争迫近，稻熟无人收割，或收起来了又因交通不便无法运出来，白白糟蹋了，而漕帮既有人手又有水路势力。此时来贩运粮食，天时、地利、人和都占尽了，弄好了就是没有竞争对手的“独门生意”。第三，官军与太平军必有一战。常言道:“兵马未动，粮草先行，”粮食对于交战双方都是大事。双方在同一块地面上拉锯，如果抢运粮食，不让太平军得到，进出之间关系极大。如果自己运到了一批粮食，官军定会购买，否则，被太平军购买以后不仅助长了太平军的威力，对自己这一方还是个损失。兵荒战乱年代买粮并不容易，因此，官军一定会支持粮食贩运，有此支援，生意就可以顺当得多了。有这三个条件，这生意不就是必然有厚利可图吗？所以说，乱世有着无限的商机，只要是有点前瞻性头脑的人都不难看到这个商机所蕴涵的丰厚利润。

人生有很多机会，但能抓住机会却是不容易的，而胡雪岩善于把握机会，这是我们需要学习的。“人创造环境，同样环境也创造人。”胡雪岩出身贫寒，却在短短十几年的时间内迅速发迹，成为当时中国最有钱的商人。胡雪岩替清朝政府向外国银行贷款，帮助左宗棠筹备军饷，收复新疆，慈禧太后赐他黄袍马褂，被人们称为红顶商人。胡雪岩建起的胡庆余堂，真不二价，童叟无欺，瘟疫流行时还向百姓舍药施粥，被人们称为胡大善人。晚清的那个特殊时代为胡雪岩的出现提供了一个社会平台，但这并不意味着胡雪岩就一定能成功。更重要的是，胡雪岩能够把握这个时代中的机遇。这一点正是胡雪岩成功的一个重要因素。

一个懂得创造机遇的人是一个成功的人，一个懂得抓住机遇的人也是成功的人！中国商人向来喜欢到充满危险的地方去找机会，如南斯拉夫内战正酣之时，就有大批温州、义乌等地的个体老板涌入。很多人掘到了“第一桶金”，从此发迹。“起跑领先一小步，人生领先一大步。”在竞争激烈的时代，要如何在同辈之间冒出头？其方法就是要比别人多学一点，走快一点，多想一点，这一点点工夫往往就会在关键时刻帮助你抓住机会。

## 摸清对手的底牌，做好自己的本分

俗话说：同行没同利。一个生意人，打算做一个项目之前，最好能够事先调查同行的情况，这是日后掌握时机取得成功的关键之一。了解同行，就可以得到市场上各种信息，熟悉同行的盈亏，就能看到自己经营的前途，及时调整。如果对同行都带着“卖石灰的见不得卖面的”的经商作风，到头来吃亏的还是自己。

在胡庆余堂刚开业的时候，胡雪岩与杭州城里许广和、叶种德两家药号展开过明里暗地的竞争。这两家药店自恃在杭州城里历史长、实力强，决定与胡庆余堂打一场价格战，希望以压价销售挤垮胡庆余堂。胡庆余堂的高丽参每两二钱银子，他们便卖一钱七；胡庆余堂的淮山药每两五厘纹银，他们只卖四厘。如此等等，一段时间内确实他们又拉回了很大一批顾客。

按一般的做法，胡雪岩大概只能以牙还牙，以其道还治其人之身，与许广和、叶种德两家药店大打一场价格战。此时的胡雪岩也绝对有实力跟他们拼价格，因为胡雪岩的胡庆余堂有钱庄、典当行的雄厚资产做后盾，但胡雪岩并未这样去做，而是反其道行之，挂出了一个“真不二价”的烫金牌匾。这显然是胡雪岩深思熟虑之后的决策。在做决策时，胡雪岩有以下两方面的考虑。

一方面是对许、叶两家降价销售举措的考虑，因为这种做法的后果只能是亏本经营，这样不等挤垮别人，自己可能已先大赔一笔，甚至会关门垮掉；第二种选择是低价卖劣等货，以劣充好获得利润，这个办法的直接后果必然导致卖出的药品质量大大下降，这样做下去，最终只会让顾客觉得受骗上当，砸了自己的牌子，毁掉自己的名声。

另一方面胡雪岩亦基于对胡庆余堂自身经营的考虑，他对自己药店的药品质量相当自信。

同时，胡雪岩还在服务上大做文章。胡雪岩认为“天下之主，不如买主”，在经营实践中视买主为衣食父母，处处尊重买主。顾客上门，不管新老，以笑脸相迎，端凳请坐，敬烟献茶。总之一句话，胡雪岩做生意很重视服务，尽量满足顾客，以诚以信赚钱。

一次，一位湖州香客买了一盒“胡氏辟瘟丹”，但是他在察看丹丸的时候，很不满意。见此情况，胡雪岩再三致歉后，并令店员立刻为顾客换一盒。不巧这种丸药已经全部卖完，最快也要三天的时间才能赶制出来。可是这位顾客乃远道而来，胡雪岩当即决定为这位顾客提供免费的食宿，直到赶制出他想要的丸药。事后，此人逢人便夸胡庆余堂的优质服务。一时间，来胡庆余堂买药的人趋之若鹜。最终，胡雪岩赢得了这场药店大战。

孙子兵法中说:“知己知彼，百战不殆，不知彼而知己，一胜一负，不知彼不知己，每战必殆。”意思是说，了解自己又了解敌人，百战都不会失败；不了解敌人而了解自己，胜败的可能各一半；不了解敌人又不了解自己，每一战都必然失败。它揭示了唯有敌我双方的情况心中有数，方能立于不败之地的普遍规律，这个规律不仅为军事家所推崇，而且渗透到政治、经济领域，在社会的竞争中更是广泛应用。无论在社会哪一个领域的竞争中，都应该对敌我双方进行比较，清楚各自的长处和短处，从而扬长避短或以长克短，相机行事，方能立于不败之地。

商场如战场，胡雪岩能在他那个时代的商场中翻手为云，覆手为雨，与他的经商之道是分不开的。而他在商场竞争中常用的一条，也是极重要的一条，便是一定要知己知彼，如此才能在商业竞争中占优势，抢得先手，获得最后的胜利。

## 头脑灵活，不局限于自己的一亩三分地

生意人的眼光，不能只盯在自己那一亩三分地上，仅仅盯着

自己做的那一行，即使你看得再远，也只能发展这一行，终究要受到限制。坐井观天，眼界总是有限。因此，一个生意人的眼光，除了看得准之外，还要看得远、看得开。

纵观胡雪岩的发达过程，他白手起家，成为中国历史上知名的红顶商人，很大程度上就是因为他总是不限于一门一行，总在为自己不断地开拓着新的领域。胡雪岩开钱庄、开典当行、开药店、买卖军火、丝绸，搞多元经营，财源广进，利润丰厚，又降低了投资风险，深得多元化经营的真谛。

胡雪岩有一句至理名言："做生意一定要活络。"这句话有两层意思：一是不要死守自己熟悉的一方天地，要能根据具体情况做出灵活反应；二是反应要迅速，想到了就要立即着手去做，不放过任何一个机会。胡雪岩灵活机动，四下出击，为自己带来了条条财路。

胡雪岩做丝绸生意的时候，他发现还有两桩生意能给他带来滚滚财源。第一个行当是典当业行，第二个是粮食生意。胡雪岩看好典当业与他对当时各种生意的了解有关。在战乱频繁、饥荒不断的年代，居于城市之中的人们，不要说那些日入日食的穷家小户，即使稍有些积蓄的小康之家，也会不时陷入困窘之中。急难之时，常要借典当以渡急难，以致当时典当业遍布江南各地的大小城镇。据统计，清朝同治、光绪年间仅京城就有当铺一百余家。

以胡雪岩的眼光，他不会看不到这是一个能赚大钱的行当。

事实上，胡雪岩真正产生进入典当业的原因，是他与钱庄下属朱福年的交谈。朱福年是丝业巨商庞二开在上海的丝行的档手，胡雪岩在联合庞二销洋庄的过程中收服了他。朱福年原籍徽州，他的一个叔叔就是个老朝奉（典当业的管家），故他从小耳濡目染，熟悉典当业的内情。胡雪岩从朱福年那里知道了典当业的运作方式，了解到典当业能够带来的丰厚利润，而且典当业和药店一样，无论时局好坏，都有生意可做，是一个比较稳定的行业。

经过一番详细的调查后，胡雪岩坚定了投资典当业的想法。他让朱福年替自己留心典当方面的人才，而自己一回杭州，就在杭州城里开设了第一家当铺“公济典”。当时的当铺资本称为“架本”。按惯例不用银两而以钱数计算。一千文兑银一两，一万千文即相当于一万两银子。一般的典当业，架本少则五千千文，多则可达二十万千文，平均也达一万千文左右，二十多家典当行仅架本就达二十多万两银子，而如果以“架货”折价，架本至少要加一倍。这样胡雪岩的二十多典当行架本至少是四十万两。四十万架本以每月周转一次，生息一分计算，一个月就可净赚四万两银子，一年至少就有四十八万。而当时典当行架本周转一次，绝不止一分利息的利润。就当时的记载，典当行取息率至少在二分以上。

这样一算就知道，只要这几十家典当行经营好了，胡雪岩就可以每年获利数十万两银子。其后几年，他的典当行发展到20多家，其范围包括浙江、江苏、湖北、湖南等省份，典当行日后成为他仅次于钱庄的第二大财源。

在多元化经营这一点上，历史上做得最为出色的恐怕就是胡雪岩。胡雪岩开始是开阜康钱庄，待钱庄有了规模和发展后，他又开典当行。后来得知丝绸在国外销路很好，又开始涉足利润丰厚的丝绸业。胡雪岩始终向前看，向远处看，不断寻找投资方向，不放过任何一个投资机会。

胡雪岩在鼎盛时期，他的生意范围几乎涉及他所能涉足的所有行当，长线投资如钱庄、生丝、药店，典当业以及房地产等，短线投资如军火、粮食，所有这些生意在当时条件下都是能赚大钱的生意。很显然，胡雪岩如果死守自己熟悉的钱庄生意而不思考开拓新领域，他的事业绝不可能有那么成功。

## 越怕越误事——顶着石臼做好戏

对于困难，胡雪岩曾经说过："越怕越误事，索性大胆去闯反倒没事。"这是他从自己的亲身经历中得到的经验。这实际上说到了一个人在面临危机遇到难关时必备的心理素质问题。

人生之路并不是风平浪静、万事顺利，也有困难的时刻。但不管在怎样的条件下，人们都不应放弃对成功的追求。在顺利时，人们以舒畅的心情谋求成功；在困难中，人们依然应当矢志不渝地追求成功。成功既可以在顺利中实现，也可以在逆境中艰难地获得。挫折和失败是对人的意志的严峻考验。不明智的人，在成功面前就会骄傲自满；清醒的人，在失败面前更能锻炼自己的意志。一个人在逆境中的表现是对他是否成熟和气质优劣的最好检验。

一次，胡雪岩从洋人那里买进一批先进军火，途经浙江境内的乌岭山时，被一伙盗匪抢去。胡雪岩做军火生意并不是第一次，但遇到这种事却是头一回，一时间一筹莫展，拿不出好主意。这时，胡雪岩的漕帮老朋友魏五赶来，原来他听说了胡雪岩军火被劫之事。凭着松江漕帮的消息之灵通，很快得知这事是外号叫跷脚长根的土匪干的，而跷脚长根恰好是魏五的朋友俞武成过去的一名手下。胡雪岩听后大喜，觉得军火有了讨回的希望。

在魏五的引见下，胡雪岩结识了年逾古稀的俞武成。依靠灵活的手腕，胡雪岩很快与俞武成结为忘年交。俞武成不顾年事已高，身体不便，答应为胡雪岩亲自走一趟，想来跷脚长根也要顾他的老脸面。

见到俞武成前来，跷脚长根当面马上满口答应归还胡雪岩的那批军火。但等到俞武成一走，跷脚长根就一拖再拖，不提归还之事。胡雪岩见跷脚长根如此无赖，俞武成又对他无可奈何，只好另想办法。

最后，胡雪岩决定求助官场的何桂清，何桂清曾得过胡雪岩种种好处，此时也够义气，立刻调遣官军，将跷脚长根的老窝乌岭山围得水泄不通，一场交战眼见不可避免。胡雪岩看见这种剑拔弩张的形势，知道一旦交上火，跷脚长根无疑是自取灭亡。但这时胡雪岩考虑的是更深一层：万一真的交上了火，于人于己有何好处？对胡雪岩来说，这种损人又不利己的事当然不是他想做的。而且，何桂清抽调的这些都是负责城管与戍卫的非正规军队，按规定，这些官军是不能随意调去外地征战的，要是真打起来，有了伤亡落下把柄还会对何桂清不利。胡雪岩通盘考虑了这一连串的事情，觉得自己承担的压力着实不小，因此，决定用招抚办法来对待跷脚长根。

于是，胡雪岩决定亲自上乌岭山一趟，找跷脚长根面谈。天黑人静中，胡雪岩用了几个极漂亮的“招式”，就把跷脚长根弄得心服口服。胡雪岩申明招安的条件是跷脚长根的人马继续由他自己统领，并给他加四品官顶戴，但朝廷有事必须听命，另外附赠当时胡雪岩上海丝业赚取的一分利，这一分利就是一万两银子的银票。这一系列的举动，使得跷脚长根对胡雪岩佩服有加，感激万分，终于圆满解决了此事。

胡雪岩自己曾打过一个比方，说一个人处在危急关头，就如一个人在舞台上顶着一个石臼做戏。对于做戏人来说，石臼压在头上，既是负担，又是动力，但越是如此，越要尽力把戏做好。如果能够让台底下观众看不出自己头顶上顶着一个石臼，戏就可以演下去了，能够维持到转场换幕，那就不要紧了。

“顶着石臼做戏”的比喻，其精义在于越是艰难的时候，越不能将弱点暴露给对手。这也正如战场用兵讲究“兵不厌诈”。危急关头，大兵压境，我方守备空虚，但如果能镇静自如，对方就摸不透自己的虚实，才有化险为夷的希望。

逆境是最宝贵的人生体验，在这样的情况下，境界比能力更重要。许多生意人在关键时刻棋输一筹，多数时候其实就是输在素质上。其实，危机到来之时，不妨“壮起胆子”闯它一闯，反正已经无路可走，怕亦是死，不怕亦是死，闯错了是无救，不闯更是无救，在这种时候，闯或许能够闯出一条路来。

在我们的生活中，也总是充满了风风雨雨。但是，有些人却因经历过风雨而更易见彩虹，有些人却就此沉沦下去。相同的环境为何却有如此不同的结果呢?就是因为每个人的心境不同。有些人坐拥万贯家财，却仍然愁眉不展；有些人口袋空空却活得逍遥自在。逆境生存是一种哲学。从逆境中走出，我们才会变得更加踏实、更加智慧。

# 第六章 | 富可敌国——做生意的秘诀

胡雪岩说:"我这是在铜钱眼里翻跟头!"胡雪岩认为,最高明的赚钱方法,要有两大要义:(1)要光明正大地从别人口袋里取来银子;(2)必须让对方是心甘情愿地让你去取!那么,胡雪岩具体又是怎么赚钱的?又是如何赚到别人赚不到的钱的呢?本章将为你揭开胡雪岩赚钱的一个个秘密!

## 财神的戏法:铜钱眼里翻跟头

胡雪岩说:"自己就知道铜钱眼里翻跟头。"而从他的快速成功过程来看,他的确是一个善于变钱的高手。

做生意既是一种资金和实力的较量,更是一种智力的比拼。做生意要有本钱,但如何为自己弄到本钱,却是要靠精明的头脑和灵活变通的手腕。当你两手空空又想成就一番大业时,不妨巧借他人之力为我所用,这已成为古今中外成功者走向成功的策略之一。一个真正成功的商人,总是能够凭借高超的智慧为自己"变"出本钱的。

胡雪岩创业之初其实是身无分文，但他非常善于借钱办事，知道如何在“铜钱眼里翻跟头”，所动用的资金，几乎全是借来的。从他最初开办阜康钱庄，到胡庆余堂，再到胡记典当行，都是一项接着一项地“翻”出来的。

比如，办阜康钱庄，胡雪岩至少需要五万两银子。当时胡雪岩并无什么本钱，但他仍然想把钱庄开起来。在他看来，眼前只要弄几千两银子，先把场面撑起来，钱庄的本钱不成问题。当时，胡雪岩借助王有龄的关系，说动信和钱庄垫支给浙江海运局二十万两银子。对于信和钱庄来说，能为海运局代理公款往来，自然必有大赚。信和“大伙”张胖子自然是一谈就成。本来海运局借支这二十万只是短期应急，但胡雪岩却设法办成长期，从海运局的借款中挪借了五千银子，在与王有龄商量开钱庄事宜的第二天，就着手招揽人才，租买铺面，把自己的钱庄轰轰烈烈地开起来了。后来，胡雪岩又借王有龄外放州县的机会代理各州县每年征收的钱粮公款。按照惯例，道库、县库公款往来不必计付利息，而款入钱庄，只要不误解送期限，自然也就可由钱庄自由支配。州县公款往来自然绝不会是小数，大笔的款项汇划到账的时限之内周转那么一次两次，就可以赚来大笔的利润。这等于白借公家的银子开自己的钱庄。

胡雪岩要开办药店，在和刘不才商量药店事宜的时候，他一开口就是“初步我想凑十万银子的本钱”。但当时胡雪岩根本就拿不出这十万银子。不过，这也没有难倒胡雪岩，他脑子一转，便想到了筹集银两的主意。胡雪岩准备让官府出订购药品支持自己开药店。刘不才有专治军伍瘟疫的“诸葛行军散”祖传秘方，配料与众不同，其效如神。胡雪岩准备与专管军队后勤保障的“粮台”打交道，争取承接为粮台供药的业务。粮台虽然不用上前线打仗，但事实上却什么事都管，最麻烦的就是一仗下来料理伤亡人员，所以粮台上用药极多。药店可以把药卖给他们，只要药效实在，价钱比市面便宜，还能欠账，让粮台本人公事上好交代，这生意就能做起来。

胡雪岩建议，除“诸葛行军散”之外，药店可以先弄到几张能够一服见效的好方子，譬如刀伤药、避瘟丹之类，然后禀告各路粮台，让他们来订购，领下订购药品的款子，正好可以用来发展药店生意。于是，胡庆余堂就这样越做越大了。

胡雪岩的典当生意也是这么发展起来的。胡雪岩看中了苏州的富家公子们的存款。胡雪岩为将生丝销洋庄，去了一趟苏州，在苏州结识了苏州富家公子潘叔雅、吴季重、陆芝香等人。当时太平军由广西进湖南，经湖北，沿长江直线而下，定都金陵，兵锋所指，清军或望风而逃，或一触即溃。在这种情况下，苏州的富商豪绅惶恐不安，带着大笔的金银珠宝逃往上海。他们知道胡雪岩是钱庄老板，因而想在胡雪岩的钱主保管这些钱财。

胡雪岩发觉自己又遇到一个绝好的机会。如果这些富家公子们能够听从自己的建议，对自己的生意也是一大帮助。有了这笔巨额的长期可动用的资金，自己什么事都可以干。

于是，胡雪岩当场就为这些整日无所事事的富家子弟的现钱如何使用做了筹划，他建议其将现银存入钱庄，一半作长期存款，以求生息；一半作活期存款，用来经商。存款的钱庄及生意的筹划，都由胡雪岩一力承当，总的原则是动息不动本，以达细水长流的目的。胡雪岩就这样巧借东风，为自己吸纳了一笔可以长期动用的资金。

“巧妇难为无米之炊”，无论你有多么强的能力，但如果没有本钱，那么所有一切都是虚无缥缈的空中楼阁。中国传统商人虽然有以“一文钱闯天下”的志向和能力，但完全靠自己一文钱一文钱地积累，这个发家过程无疑会十分漫长。因此，善于借助他人的力量，便能找到像胡雪岩这样的成功捷径。

## 八个坛子七个盖，盖来盖去不穿帮

在商业经营中钱能生钱，有了一定数量的钱，再加上合理有效的运用和调配，就能获取更多的钱。如何合理地运用、调配已有的金钱，这是对一个人才干和智慧的综合考验。俗话说：“人是两条腿，钱是四条腿。”人追钱不如钱追钱，在可预测风险的范围内，利用一切可利用的资源，不失为走向成功的一条捷径。

一次，胡雪岩在把湖州收到的生丝运到上海卖给洋商时，恰逢上海的小刀会起义。小刀会攻占了上海县城，不仅切断了租界和上海县城之间的联系，也封锁了苏州、松江地区进出上海的通道，还断绝了上海除海路之外与江浙各地的一切联系。这样一来，上海市场的生丝来源也随之断绝，洋商仅能买去年囤积的陈丝。而此时许多在上海做生意的洋商由于战火突起，急于购进生丝以备本国商业急需。这在胡雪岩看来，无疑是个绝好的商机。因为如此一来，生丝的价钱将会暴涨，就可以乘机大捞一把。胡雪岩立刻做了决定，把生丝销给洋庄。

不过，要做销洋庄的生意，首先要控制住上海生丝的货源和价格。要做到这一点，有两个办法。第一个办法就是说服上海丝行同业联合起来，让预备销洋庄的丝行公议价格，团结合作，共同对付洋商，迫使洋商就范；第二个办法则是拿出一笔资金，在上海抢先买丝，囤积起来，使洋商要买丝也无处可买，只能找胡雪岩买，以达到垄断市场的目的。

但在当时，胡雪岩的生丝生意刚开始，他在上海生丝市场的地位还不高，在同行中的威信还有待树立，因此，第一个办法不一定能够达到理想的效果。而且从市场运作的角度来说，即使胡雪岩凭自己的影响力说服上海丝行同业联合起来，相互合作，共同对付洋商，他也应该在上海尽量就地买丝，尽可能多地为自己囤积生丝，这样才能有更大的收益。说到底，这既是要控制市场价格，也是为了能使自己获得更大的利润，不能光出力不赚钱。同时，生丝囤积量的增加还可以提高他在上海丝商中的地位，增强影响力。

不过，当时在上海就地买丝不是说说就行的，这需要调用大量资金。胡雪岩此时只有价值十万两的生丝存在上海裕记丝栈，而他的生意合作伙伴魏五当时为了漕帮粮食生意向三大钱庄借贷了十万两银子。这笔贷款在周转过一次后又已到期，按常规已经不能再续转，需要及时还款给三大钱庄。但是当时魏五最多只能筹到七万两银子。如此一来，这时候胡雪岩在上海可以说是没有一分钱的本钱了。但胡雪岩认为本钱虽没有，生意还是要做的，总不能眼睁睁看着白花花的银子不赚。因此，胡雪岩用手头裕记丝栈开出的那批十万两生丝的栈单变了一次戏法。

首先，胡雪岩将这一栈单拿给三大钱庄看，说贷款已经可以归还，不过要等这批生丝脱手之后，请他们将魏五那笔十万两的贷款再转一期。有栈单为证，货又明明摆在那里，钱庄必然相信而且放心，因此，就生出了十万两银子的头寸可以调用，可以先解决松江漕帮借款到期的问题。此后，胡雪岩又将这张栈单拿到洋行看，向洋行借款十万两银子。这样一来，胡雪岩就把一张栈单用了两次，而且变成了现银。洋行有栈单留存，不会不给贷款，而栈单也不会流入钱庄，三大钱庄方面也不会知道栈单已经抵押出去了，戏法也就不会被揭穿。胡雪岩通过这样的巧妙运作，把生意越做越活。

这在商业上其实就是四两拨千斤的技巧。胡雪岩说："八个坛子七个盖，盖来盖去不穿帮，就是会做生意。会这样盖来盖去，也就可以用十万两银子，做出百万的生意。"正如军法所云："运用之妙，存乎一心。"一切就看你会不会巧妙地利用有限的资金，开动脑筋，用自己的智慧和双手去勇敢地抓住机遇，开启财富的大门。

做生意既是一种资金、实力的较量，更是一种智力的较量。一个成功的商人，总是能够凭自己的智慧掌握市场，抓住机遇，出奇制胜，这样用不了多少本钱，就可以赚大钱。掌握这种技巧的生意人即使没有雄厚的资本，照样可以在完成资本的原始积累后做一桩又一桩的大生意。

## 做生意的第一步是先造声势

注意自己的形象，有时是获得成功的第一步。许多情况下，树立起良好的自我形象有助于此人被社会接纳，从而可以比较顺利地开展自己的事业。俗话说："人靠衣装马靠鞍。"在穿着打扮上，生意人是"上名牌、下名牌，捉个虱子也是金利来"，"绅士淑女们，有吃没吃，头得保持"。在生意场上，生意人总是以最能显示其实力的一面与你接触，穿的服装一定是名牌，拿的手提包一定精美昂贵，戴的手表一定是世界名表，出行一般不会坐低档的汽车，办公室一般都是尽显奢华。他们从表面上充分显示自己有雄厚的经济实力，即便其账面上已无分文，他们仍要给人以气派的感觉。

生意场上更是十分注重树立形象。要摆出大老板的气派，要有财大气粗的样子，人家才会买你的账。从某种意义说，能够树立起良好的形象，也就为自己奠定了成功的基础。

胡雪岩做生意讲面子，重派头。像他这样的精明生意人，自然懂得生意场上树立自我形象的重要性。因此，一项生意投入运作之前，他也总是在如何拥有一个特别的场面上动心思。以他的意思，做生意首先要做出一个热闹的场面，而且“场面总是越大越好”。

胡雪岩的阜康钱庄开业之时，为如何打响第一炮费了一番脑筋。首先是选地，他给钱庄档手刘庆生的要求是：地处闹市，房子要宽敞气派，装修要富丽堂皇、别具一格，尤其要大气。

连堂上悬挂的字画，胡雪岩都要求绝对不能是赝品，免得让行家看了笑话。为此，胡雪岩花重金买来清代书法家郑板桥的著名字画，而且“阜康”这块牌匾的字也是由当时浙江巡抚亲自题写的。

钱庄开业当天，阜康张灯结彩，柜台里四个小伙计一律簇新蓝布长衫，笑脸迎客。胡雪岩通过各种关系渠道将杭州城内官商两界的知名人物统统请了来，亲自待客，摆酒款客，直吃到午后三点多钟，着实热闹了一把。胡雪岩明白，堂皇的门面、非常的气派，常常是赢得一般人信任的重要条件。

胡雪岩曾经讲过一句话：做生意第一步先要做名气，名气一响，生意就会热闹，财宝就会滚滚而来。胡雪岩本人并不认为门面上的功夫是在装阔，而是在树立自己的招牌，向公众展示自己的实力，以吸引客户的注意，获得客户的信任。胡雪岩的阜康钱庄开业之时，他对这些场面上的事也是着实费了一番心思。因此，胡雪岩喜欢在场面上动心思，一心想着如何把场面做大、做热闹。

生意场上一时的气派大小，往往会影响生意的成败。一般来说，人们大都希望所要做的场面尽可能做得大一些，做得热闹一些，这当然不仅仅是在热闹的大场面中求得一种畅快的满足。从深层看，做场面的内在原因，实际上来自做场面的人要在人前显光彩的心理要求。说到底，场面总是做给别人看的，是为了让自己“露”脸的一种形式。做场面，其实就是“做”形象。中国人好面子，认为大场面才有大气势。堂皇的门面，不凡的气派，往往是赢得客户信赖的先决条件。第一眼看上去就给人一种小家子气感觉的商号，很难获得客户的青睐。从这一角度来看，讲排场并不是打肿脸充胖子或者摆阔。场面不仅应该做，而且是值得动点心思认真去做的。

## 商人求利，要敢于刀口上舔血

胡雪岩经常主张做生意要敢于冒险，他常说：不冒险的生意，人人会做，而值不值得，就看名和利这两样当中能不能占一样。但他在冒险的同时，还能做到如张胖子所赞他的那样:“总是先想到退步。”

高风险，意味着高回报。商业从来不是平静的港口，那些不敢冒险、不善于冒险的人，很难有成为富翁的机会。西方人认为冒险是上帝对勇士的最高嘉奖。胡雪岩做生意并不怕冒险，他主张：商人求利，刀头上的血也要敢舔。但必须想妥当了再去做。有的血可以去舔，有些就不能去舔。

胡雪岩有一次给自己的钱庄档手刘庆生举了一个例子：譬如一笔放款，我知道放款给的这个人是个米商，借了钱去做生意。这时就要弄清楚，他的米是运到什么地方去。运到不曾失守的地方去，可以借给他；但如果是运到太平军那里，这笔生意就不能做。胡雪岩认为太平军是“逆贼”，帮助他们就会得罪官府，即使获利再大，也不能做。

从做生意的角度看，胡雪岩的做法，应该是很能给人以启示的。商人在做生意时是不能违背官府或法律这一大原则的。只有遵守官府的法律的路去走，才能名利双收，即便一笔生意失败了，也有东山再起的机会。而违背法律，不走正路，一旦失败，往往会一败涂地，没有翻身的机会。

一个出色的商人做生意自然要敢于冒险，这就像赌博一样，既要有冒险的乐趣，又要尽力追求利润。不过，这里应存在一个做出正确判断的问题，敢于冒险绝不是不计后果，也不是明知死路仍然“一条道走到黑”地晕头乱撞。

首先，这里有一个值不值得冒险的问题。这要看能否得名获利，也就是要么有利可图，比如，胡雪岩从太平军逃亡兵将那里融资的举措；要么有名可得，比如，他在杭州城被围困时冒死出城筹粮至杭州城下。但是，从具体行事来看，常常难以名利两全，所以，获名利，也常常需要明确的判断和正确的选择，起码不能做名利尽失的傻事。

其次，进行商业上的冒险一定要有“担保”，留一个退路，不能冒险失败就输个精光。比如，胡雪岩计划接受太平天国兵将匿藏的财产时，就是想好了退路的——如果官府追查这些匿产时，他可以用这些话搪塞：“人家来存款时候，额头上并没写着字：我是长毛，化名来存，哪个晓得他的身份？”这确实不失为一个一旦事发之后为自己开脱的绝好理由。没有这一“退步”或者说这一层担保，想来这笔生意获利再大，胡雪岩也绝不会去担这个风险。

为自己留退路了，说到底，也就是先做好万一出现不利情况的打算，想好出现不利情况时自己的对策，用一句中国的成语，就是“未雨绸缪”。生意场上情况瞬息万变，许多事情都难以预料。生意规模越大，获利越大，风险也就是越大。

承担着风险，就要做好“万一出事”的思想准备，因此，任何一桩生意投入运作，都要想着为自己留下退路。胡雪岩性喜冒险，却总能柳暗花明又一村，就在于他既敢于冒险，也特别注意给自己留退路。

做商人难，做好商人就更难。在生意场中，大家为了一个“利”字绞尽脑汁，煞费心机，其间的明争暗斗层出不穷。你算计别人，别人也在算计你，要想在这相互的算计和竞争中立于不败之地，做常胜将军，实在太难。真正在商场中功成名就者，寥寥无几，更多的是在商海中沉沉浮浮，最后随历史的潮流而去。

所以，一个生意人，在决定是否打擦边球之前，一定要尽可能地预先谋划好，做好周密的规划，找到必要的“担保”或退路，把所要承担的风险值圈定在最低限度之内。敢于冒险，同时懂得如何冒险，并在实际中加以运用，是一个成功商人的必备素质，个中玄机，值得大家体会。

## 不出常理牌，莫走寻常路——首先打破一切常规

俗话说，水无常形，兵无常势。经商要做得好，就要敢于打

破一切常规！不走寻常路，不按常理出牌。这是胡雪岩取得成功的一个重要方式。

商场如战场，商场瞬息万变，一味墨守成规，则必将失败。唯有审时度势，灵活应变，才能在商场中发展壮大。因此，胡雪岩说:“店规不是死板的，有些事不能通融，有些事可改良。世界日日在变……做生意贵乎随机应变。”比如，胡雪岩帮助王有龄运送漕米时采用的就地买米的方法，就是一次典型的打破成规的随机应变。

当时王有龄刚刚坐上浙江海运局坐办的位置，上任不久，上面就派下了运送漕米进京的任务。清朝时期，漕米的本义是以舟运谷，将江南的稻米由京杭大运河运往京城，以供应皇宫用度及京官俸禄。因为这些稻米都由运河北运，故而称漕米。然而，由于当时时局混乱，战火四起，在路上不安全。更重要的是漕运积弊已久，运河淤积严重，河道浅，旱季甚至会断流，没有办法行船。而且当时官员贪污成风，主管漕米征收的官员人人都可以从中得到好处。浙江负责运送漕运的前任藩司椿寿，就是由于没有理会抚台黄宗汉四万银子的勒索，与抚台黄宗汉结下怨仇，被黄宗汉抓住漕米没能按时解运的问题狠整一顿，后自杀身亡。

因此，当王有龄负责漕运时，漕米由河运改海运，也就是由浙江运到上海，再由上海运往京城。现任藩司有前任的前车之鉴，将这事推给王有龄去办理。漕米是上交朝廷的“公粮”，每年都必须按时足额运到京城，哪里误了事，哪里的官员便要倒霉。所以，这桩公事，不仅关系到王有龄的官场前途，而且甚至关系到他的身家性命。

当时的情况比较复杂，由于浙江上半年闹旱灾，钱粮征收不起来，因此，浙江漕米至九月还没有启运。更加麻烦的是，浙江漕米的历史欠账太多，达三十多万石之巨；二是运力不足。本来漕米可以交由漕帮运到上海，可是由于河运改为海运，等于是夺取漕帮的饭碗，遭到他们的极力反对，他们巴不得漕米运不出去，根本不肯出力帮忙。

面对王有龄这桩几乎是无法解决的麻烦事，胡雪岩却通过市面上的信息发现：可以直接在上海卖米运到京城，而且上海的米价比浙江本地便宜，还能赚取中间的差价。于是，胡雪岩对王有龄说："反正是米，不管哪里都一样，朝廷要米，看的是结果，并不管你的米是哪里来的。只要能按时在上海将漕米交兑足额，也就完成了任务。既然如此，浙江可以在上海买米，差多少就买多少，这样省去了漕运的麻烦，问题也就算解决了。"这样一来，一个按常理是很麻烦的事情就被胡雪岩的一个就地买米之计给解决了。

胡雪岩就地买米、赚取差价的办法，严格说来并不是通常意义上的生意，但从这里却看出胡雪岩遇事思路开阔、头脑灵活、敢于打破常规的本事。黄宗汉、王有龄以及浙江藩司等人，想到的只是漕米欠账太多，一时难似筹足，而且漕米由河运改海运之后漕帮会从中作梗，即使筹足米数，要按时运达上海也难。他们就是想不到漕米改海运后，可以把浙江的米卖掉到上海就地买米运到京城，因而只能在那里一筹莫展干着急。究其原因，是他们拘于漕米必须由征收地直接上运的成法，而没有想到根据情况的不同还可以打破常规，用新的办法解决问题。

商业经营之道，有时与用兵之道是相通的，所以我们亦可以说做生意不可墨守成规，要能随机应变。生意场上胡雪岩不拘成法，取得了一个又一个的胜利。

## 眼观六路，从变化中寻找财富

人的眼光往往会决定人生的高度和广度。据《夷坚志》载，宋朝年间，有一次临安城失火，一位姓裴的商人的店铺也随之起火，但是他没有去救火，而是带上银两，网罗人力出城采购竹木砖瓦等建筑材料。火灾过后，百废待兴，市场上建房材料热销缺货，裴氏商人趁机大发其财，赚的钱数十倍于店铺所值之钱。可见，敏锐的经营眼光是经商者财富永不干涸的源泉，也是经商者必备的能力之一。

胡雪岩一次去上海做生丝生意，在裕记客栈小住了几天。一天，他到裕记客栈处理生意上的事务，顺便在客栈客房小歇。他躺在客房藤躺椅上，本想考虑一下自己生意上的事，无意中却听到了隔壁房中两个人的一段关于上海地产的谈话。

这两个人对于上海洋场的情况及地产开发方式都非常熟悉，他们谈到洋人的城市开发、设计、建设与中国的差异。中国人是常常先做好市面，等住了人之后再修路，而这种修路多半是顺其自然的，没有谁会特别重视修路这一事情。等到市场红火了，人也就走动得越多，这时才开始注重修路。但往往等到必要拓宽一下马路时，市场自然形成的道路两旁已经被商铺摊贩挤占，很难扩展。而洋人的办法是先开路，有了路便有人到，市面也就自然拓宽了。当时上海的市面就是这样开发的，因为洋人的意见占支配地位。

在谈到上面的情况之后，其中一个说道："照上海现在的发展情况看，大马路，二马路，这样不断开下去，南北方面的热闹是看得到的。其实，向西一带，更有可为。眼光远的，趁这时候，不管它苇荡、水田，尽量买下来，等洋人的路一开到那里，乖乖，坐在家里都能发财。”

两人谈的都是实情。因此，隔壁人的一席谈话，使得胡雪岩再也躺不下去了。出于商人的敏感，他顿时觉得这又是一个发财机会，但苦于自己以前没有这方面的经验。于是等他从湖州带到上海跟自己学生意的陈世龙一回到裕记客栈，就马上雇了一辆马车，由城墙往西，沿途去实地勘查，而且在勘查的路上，就盘算出了两个相当可行的方案：第一，在资金宽裕的情况下，趁地价便宜，先买下一片，等地价上涨之后再转手赚钱；第二，通过古应春的关系，先摸清洋人开发市面的计划，抢先买下洋人准备修路的地界附近的地皮，转让后就可发财。

胡雪岩就靠这一次偶然的机会，在上海做起了地产生意，为自己发现了一个绝佳的财源。

胡雪岩在上海大做生意时，正逢上海开始快速发展的时候。当时虽然太平军正顺江东下，试图一举占领浙江一带，但英法等国为了自己在华的利益，清廷也想借助洋人对付太平军，他们之间已经心照不宣地定下了联手“剿匪”的策略，联合起来坚守上海。上海成为江南一带比较安全的地方。同时，由于太平军的进攻，从东南逃难至上海租界中的人也越来越多，上海市面也随之变得兴旺。事实上，那是上海历史上第一次房地产发展高峰到来的前夕。到 19 世纪初期，上海每亩地价已由几十两涨至上千两，其后数年间，上海外滩的地价甚至创下每亩三十万两的天价。因此，胡雪岩通过古应春的帮忙，打听到什么地方近期要修路，买下大批地产，从而大大地赚了一笔。

胡雪岩认为，作为一个商人，经营眼光往往会决定他的生意规模：如果拥有一县的眼光，那么就可以做一县的生意；如果你有一省的眼光，那么你就可以做一省的生意；如果你拥有天下的眼光，那么你就可以做天下的生意！

俗话说，处处留心皆学问，做生意也是同样的道理。胡雪岩的很多生意都是平时留意到，并马上行动的。比如，他的丝生意是在船上与阿珠娘一席闲谈而引发出来的念头。

另外，军火生意也是胡雪岩通过留心观察身边的事情而做起来的。

胡雪岩请古应春吃花酒时，古应春说起他参与的一桩军火交易。古应春的这段话也引起了胡雪岩对军火生意的兴趣。在胡雪岩看来，当时有两种情况决定了这军火生意可做，而且一定可以成功。一是当时小刀会正在上海闹事，官府为此大伤脑筋，奏报朝廷，希望调动兵马将其剿灭，需要一批军火；二是此时浙江正在办团练武装。办团练自然少不了枪支火药。凭王有龄在浙江官场的势力，购进一批军火问题不大。因此，胡雪岩马上决定做一票军火生意。当晚，胡雪岩就与古应春商谈与洋人做军火生意的事宜。随即，胡雪岩和古应春一起会见洋商，搞定了军火生意。

经商就要眼观六路、耳听八方，从变化中寻找财富。我们也可以说：处处留心皆财富。胡雪岩不愧为杰出的生意人，时时处处都能够发现商机。

# 第七章 | 为富要仁，赚钱不忘回报社会

时代造就了胡雪岩，也成就了这个了不得的男人。作为一代红顶商人，胡雪岩叱咤商场，写尽人间风流。他最为人称道的地方就是富不忘本！深谙钱财之道的他，乐善好施，广施义举，成了名扬大江南北的大慈善家！从此更是财源广进、名播四方！

## 富甲天下，御赐红顶商人

胡雪岩的一生是极为传奇的一生。他开启了中国新式商人的先河，鲁迅称他为“中国封建社会的最后一位商人”。他白手起家，由商而官，由官而商，叱咤商界，游刃于官场，从而富甲天下，红顶商人的美名流芳百世。

胡雪岩有审时度势的独到眼光，深谙世道的权变之理，他经商几十年，能一帆风顺、逢凶化吉，最重要的一个原因就在于他善于取势。一次，左宗棠和胡雪岩谈话时，曾对“势”有一个简短精辟的评价，他把“势”解释为人势、事势和时势。人势是势之根本，事势简单讲就是指目前最重要的事，时势就是指最恰当

的时候。胡雪岩的商业活动，都与取势、用势和顺势有关。

最初，胡雪岩在有意无意中资助了王有龄，等到王有龄做官后，胡雪岩一下子发现自己处于有利的地位，他马上明白，经商首先要为自己开拓出一块地盘，争取占势之利。因此，胡雪岩在王有龄的帮助下，借用海运局的银两开钱庄做生意，随着王有龄的步步高升，胡雪岩的生意也越做越大。

当时，辛酉政变以后，朝廷决定集中力量消灭太平天国。不久，曾国藩奉旨统领长江中下游四省军务，指挥清军统一作战。行军作战军饷后勤的保障是取胜的物质基础，而军饷的调拨汇兑也要统一办理，但当时的钱庄业是一盘散沙，朝廷要依靠钱庄来调度军饷，就需要找一家可靠的来办理。在麟桂调任江宁藩司以后，阜康钱庄开始办理江南大营军饷的汇兑业务。而在王有龄升任浙江巡抚时，浙江一省的公款往来、军饷调度更是由阜康一手包办。这样，胡雪岩趁朝廷镇压太平天国之机，发展壮大了钱庄规模，拓展了业务。

王有龄在杭州战死后，胡雪岩又及时调整策略，依上了左宗棠的势。当时，杭州收复后，左宗棠命令胡雪岩在十天之内筹买大米十万石，如果不成功则以军法处置。在饱经战乱的浙江要一下子买十万石大米，对左宗棠来说都是个大难题，但胡雪岩却说："官兵急需粮食，十日恐怕太久，光墉愿在三日之内筹齐。"三天之后，十万石大米果然送到了军营，原来胡雪岩早料到杭州光复后需要大量粮食，所以早已买好运到杭州。胡雪岩以十万石粮食相赠，取得了左宗棠的信任，为清军购买军需，筹措军饷。左宗棠所率官军一年所需军饷不下百万两，所筹款项均由胡雪岩一人负责，而阜康钱庄有了这笔钱做本钱，生意更加兴隆。

左宗棠西征平乱，历年共借款一千余万两充作军费，加上胡雪岩为西征军采购军需物品、购买军械，前后花费达数千万两银子。这一笔庞大的款项汇进汇出皆是出自阜康钱庄，是阜康钱庄成为当时最大钱庄的一个重要原因。

此后，胡雪岩还进京筹建了阜康分号。胡雪岩手眼通天，进京后分号顺利开张，并得到了当时的协办大学士户部尚书文煜、恭亲王等人的鼎力支持。这样一来，再加上左宗棠的器重与信任，使胡雪岩在官场的势力一时间遍布天下。左宗棠在长达十几年的金戈铁马岁月里，胡雪岩在上海为他转粮输将、购置弹药、筹借洋款，获利巨大，成为名扬江南的巨富。后来左宗棠引荐胡雪岩进京面见慈禧太后，受封为四省税务总管、后御赐黄袍马褂、封二品顶戴。

胡雪岩认为，做事情“与其待时，不如乘势”，许多看起来难办的大事，能够顺利地办成，就是因为懂得顺应时势的缘故。“好风凭借力，送我上青天。”一个人或一个团体，顺势而为才能事半功倍，更容易更快捷地达到成功的目的。

胡雪岩在功成名就之后，他并未忘记他的发迹之地——杭州，为杭州百姓做了许多义举。如他开设钱塘江义渡，方便了“上八府”与“下三府”的联系，并设船屋，为候渡乘客提供方便，并因此博得了“胡大善人”的美名。他还极其热心地做慈善事业，乐善好施，多次向直隶、陕西、河南、山西等涝旱地区捐款赈灾。到 1878 年，除了胡雪岩捐运给西征军的药材外，他向各地捐赠的赈灾款估计就达二十万两白银。更鲜为人知的是，在轰动朝野的“杨乃武与小白菜”一案中，他利用自己的关系活动京官，赞助钱财，为此案的最终昭雪立下了汗马功劳，他的声望美名也更加深入人心。此外，他还两度赴日本，高价购回流失在日本的中国文物。从这一系列举动中，可见胡雪岩的仁厚和拳拳爱国之心。

研究胡雪岩的人生，智慧之光处处可见，可以说是他靠智慧创造出了令人瞩目的商业奇迹。他突破了当时封建社会的观念屏障，以异军崛起之姿做到与封疆重臣平起平坐的红顶商人。他纵横商场的智慧隽语，他流芳百世的做人学问至今仍然适用，值得有识之士借鉴和学习。

## 多行善举，借好风扬好名

胡雪岩认为从做生意的角度看，生意人有了钱想着去做点善事，其实也是为自己更好地做生意创造条件。其实，这正显示出胡雪岩超出一般人的见识和眼光。胡雪岩做好事，无疑有他行善的本意，但也不可避免地带有求名、以名得利的功利目的，他自己就说过：“好事不会白做，我是要借此扬名。”

比如，胡雪岩修建义渡，不仅为他扬了名，其实也为“上八府”的人到胡庆余堂购药提供了便利，等于是无形之中扩大了胡庆余堂的市场。也许商人做慈善的目的往往是为了业绩、销售，但慈善的效果却让更多的人受益。当慷慨的胡雪岩愿意为慈善出力的时候，我们又何必斤斤计较其初衷是什么呢？毕竟，社会上还有那么多吝啬的富人呢！

胡雪岩认为在社会中多行善举能够起到安定社会、平静市面的作用，为自己商务活动的正常开展创造一个较好的环境。因此，胡雪岩才十分强调生意人要能主动地帮助维持市面。究其一生，胡雪岩对于帮助官府维护大局总是非常热心。因为他知道，帮助官府也就是帮助自己。

官军收复杭州城后，百姓急需善后赈济，因此，胡雪岩刚得知杭州被官军收复的时候，就立即动身赶赴杭州，参加杭州繁忙的战后赈济工作。当时，胡雪岩首先做的一件事，就是将一万石大米无偿捐献给杭州官军，用于军粮和赈济灾民。

这笔大米来自一年多以前杭州被围时胡雪岩冒死出城到上海购得的大米。当时，胡雪岩克服重重困难，将在上海购买的大米运往杭州。由于杭州城最终被太平军攻占，胡雪岩带来的大米只好运往宁波。当初胡雪岩将这批大米运往宁波时，宁波刚刚被官军攻下，城中难民无数，粮食奇缺，这一万石大米正好救急。这笔大米的款项，当时胡雪岩分文未要，只提出了一个要求：这批大米算是出借，将来不管什么时候，只要杭州收复，无论如何必须在三天之内以等量大米归还。如果用生意人的眼光看，这等于将一大笔钱变成库存放在那里。就当时的情况来看，战局正紧，太平军攻势凶猛，杭州收复似乎是遥遥无期。这么长的时间，大米的款项如果好好运作的话肯定会大大增值。但是胡雪岩有自己的想法和打算：一方面，在他的心中，这一万石米是杭州军民百姓的救命米，虽说自己尽了力，但终归没能运进城里去救人，他不能拿着等于是杭州军民百姓性命的大米去赚钱；另一方面，他相信杭州总有被官军收复的一天。那时，早一天运进粮食，也就可以多救活一些人，他要留着米在那里，杭州一旦收复，他可以随时启用，以防万一。

正是有着这样的打算，当胡雪岩把这一万石大米捐献到杭州时，救活的人无数，使他在杭州城的名声大振，从而也获得了左宗棠的赏识，被委以负责杭州善后事宜的重任，攀上了左宗棠这个官场大靠山。

胡雪岩认定自己做生意都与时局有关。比如，他的钱庄向太平军逃亡兵将吸纳存款，就与太平天国走向败局的大势有关；比如，他的生丝销洋庄，既与太平军杀向浙江阻断上海生丝来源有关，也与上海在乱世之中采取“东南互保”，而市面相对稳定有关……正因为如此，胡雪岩也总是把帮助维持市面的平静安定放在一个重要的地位，即使因此自己要付出一些代价，也在所不惜。

中国古代有一句很流行的警戒生意人的话，叫做“功自诚心，利从义来”。胡雪岩和其他人的成功正验证了这句话。

## 仗义疏财，财散才有财聚

自古以来，我国商人有三种：一种是“独夫式”，一种是“豪强式”，一种是“使命式”。“独夫式”追求一己之乐，他们打开窗户哭穷，关起房门吃肉，只知有亲，不知有邻，只知有家，不知有国；“豪强式”热衷结党营私，他们攀高结贵，违法乱纪，为己赴汤蹈火，为公踯躅不前；“使命式”的富豪则志在普天同福，他们手擎一团经商火，心悬一杆公平秤，颇有“铁肩担道义”的侠客精神，多“富好行其德”。

范蠡是越王勾践的大臣，足智多谋，帮助越王打败了吴王，成就了霸业。吴越战争胜利后，范蠡及时身退。范蠡在离开越国的时候，给文种写了一封信，劝他及时离开，文种不听，对越王勾践存有幻想，仍贪恋着官位，争着名利。而范蠡抛弃名利，得以全身而退，文种却遭杀身之祸。“夫唯不争，故无尤。”因为不争名利，所以越王不伤害他。

范蠡辗转到了齐国，齐国聘他为宰相，他不干，在齐国海边围垦种田。在齐国住了两三年后，当他有了“不祥”之感时，就立即离开了齐国，带子弟和西施隐居于陶地。陶地北临中原，南接吴楚，交通便利，正是个经商的好地方。范蠡就是在这里潜心经营，富甲天下。

不争官位，不争名利，多做对人民有利的事，是范蠡一生最大的特色。范蠡用自己的聪明才智，赚了很多钱，但他不当守财奴，经常仗义疏财，这在古代是不多见的。在这方面，胡雪岩深得古代商人的行善之道。

“杨乃武与小白菜”一案是清末四大奇案之一，当时闹得朝野耸动、家喻户晓。此事也引起了当时红极一时的红顶商人胡雪岩的关注。杨乃武之妻得到了胡雪岩的资助，有了进京的经济能力。但不久便遇到同治皇帝驾崩等国家大事，又碰上全国性的考试，所以此案一拖再拖，结不了案。

事后，杨乃武姐姐杨菊贞要第二次进京告御状，但一个普通百姓，既没有门路又无钱财，无处申冤。这时，胡雪岩是个有财有势的官商，声名显赫。

杨菊贞通过弟弟的一个昔日同窗，找到了胡雪岩，胡雪岩了解了内情后，不仅愿意慷慨资助他们全家进京的路费，而且他们到京后所有用度也都包了下来。就在杨菊贞一家准备启程的时候，恰好有个浙江籍的京官、翰林院编修叫夏同善的要回京复职，胡雪岩在为他饯行时，就拜托夏同善在京能设法帮助杨家，夏同善答应说到时相机进言。

此后，该案又经历重重周折，送达刑部。刑部在审查案卷过程中发现了一些疑点。浙江籍的京官也非常关心家乡这一轰动全国大案的审理情况。他们综合各方面的情况，经分析判断，认为本案是一起冤案。于是，他们联名向都察院提交呈状，根据刑部提出的前述案中疑点，又增加了来自家乡的消息。都察院接到呈词后，即向两宫皇太后、皇上奏请。两宫皇太后批准了都察院的奏请。

最后经过查证，杨乃武和小白菜确系冤枉。他们原来所作“因奸谋毒”的有罪供述显然均为虚假之辞。杨乃武、小白菜的冤屈也被洗刷。胡雪岩仗义相助这件事也从此流传民间。

胡雪岩一贯乐善好施、仗义疏财。在这种乐善好施、仗义疏财的情怀下，胡雪岩结交了更多的朋友，名声传遍了大江南北。作为一个商人，胡雪岩无疑是一个成功的典范；作为一个有责任心的企业领导，胡雪岩也给大多数人做出了表率！

## 悬壶济世，胡庆余堂横空出世

财富不是单单用金钱来衡量的，内心的慈善才是财富。作为社会的一分子，能善用你的金钱，让这个社会更好、更进步、更多的人受到关怀才是一个人价值的体现。

胡雪岩认为经商有成后要不做吝啬鬼，要多做善事。他在富有资财后，展现了商贾应有的乐善好施的道德风貌。

杭州收复后，胡雪岩负责管理赈抚局事务，他设立粥场、善堂、义塾、修复古迹等，还收殓了十万具尸骸。同时，胡雪岩还积极向大户劝捐，极大地解决了官府战后的财政危机。这些利国利民的善举使胡雪岩声誉大增。“有钱就上阜康钱庄，无钱就去胡家典当”，这句话，充分反映了当时人们对胡雪岩的信任，也说明了胡雪岩的买卖在当时人们心中的地位。

取之社会，用之社会。一个商人的发展和他的胸怀、责任感成正比。只有具有博大胸怀而富有社会责任感的商人，才能真正成就一番大事业。胡雪岩怀着一颗仁厚之心，开办胡庆余堂药号，以济世救人就是抱着这个目的而取得成功的。

我国的中医药文化源远流长、灿烂辉煌。在中医药文化的历史长廊中，胡雪岩，可说是我国“悬壶济世”传统医药学的继承者与弘扬者。胡雪岩本人也是以钱庄出身、不熟悉药业的人，从外行到内行，在发扬“仁”心的同时，将中医药事业发扬光大，并在中医药学史上写下了灿烂的一页，有“江南药王”之称。

杭州收复之后，胡雪岩开办了胡庆余堂。1874年，胡雪岩在杭州涌金门外购地十亩，建起了胡余庆堂药厂。这胡余庆堂可是中国近代有名的药厂。据说胡雪岩开办药号的初衷，便有“急人之所急”的侠义之心。

胡雪岩决定在杭州开药店。但要开药店，首先得请一位懂行的账房先生，制订一个从开办到经营的全盘规划。经友人推荐，胡雪岩前后已接待过四位老先生，每来一位，他总是很恭敬地静听他们对开办药店的高见。这几位账房先生，个个精明能干，擅长精打细算，都说自己一年能为药店赚多少多少钱。但是，胡雪岩听后都婉言辞谢了。

俗话说:“事不过三。”胡雪岩请了四次账房先生都没用，人们对此议论纷纷，不知胡雪岩究竟想要什么样的人。直到一天，一个自称姓余的账房先生来见胡雪岩。胡雪岩照样在客厅接待了他，问他的打算是什么。这位余先生说：“办药店想在短期内就赚钱很难。办药店要重视信誉，细水长流。”接着，他滔滔不绝地讲出一番道理来：“驴皮非囤三年就不能熬成上好的膏；女贞子要经过五蒸五晒；红花要隔年采撷于西藏；茯苓不来自云南的洱海苍山不能算上品；麝香要当门子；鹿茸要血尖，等等。”最后余先生说：“药是治病救人的，必须精选细挑，不能含糊马虎。不在质量上胜过他家，又怎么能打响牌子？再说开药店总得图百年大计，归根结底一句话，你要我做账房，就要准备先蚀三年本，才能慢慢赢利。”

胡雪岩听了这番话，觉得句句在理，心服口服，认为一个生意人，就该有这种精神。这个故事说明胡雪岩创办药房的初衷，正是出于自己的正直个性与仁义道德。

胡雪岩身处医药业发达的杭州，受到中医药文化的影响，开办药号，决心“广救于人”。胡雪岩创办药号的方略，始终不离“救死扶伤”的本意。其实，乱世之中开药店不过是善举，想以此赚钱是很难的，原因何在呢？乱世之中，常有瘟疫蔓延，兵匪交战，伤残无数，百姓流离失所，又或水土不服，以致有病，风餐露宿，大病缠身，这些都需用药。然而乱世流离，谁身上带着很多钱呢？所以医者不敢开门行医，因为开门必赔。这些道理胡雪岩岂能不知？只是念及天下百姓的艰辛，纵然赔本，他也乐意。

当时，胡雪岩同湘军、绿营达成协议，军队只要出本钱，然后由他带人购买原材料，召集名医，配成金疮药之类，送到营中。曾国藩知道后，感叹道：“胡光墉为国之忠，不下于我。”

平定太平天国之后，江南士子云集，进行科举考试，胡雪岩又派人送去各种药品、补品给这些士子。因为每年考试期间，许多士子由于连夜奔赴，或临阵磨枪，身心都极疲乏，往往一下子就病倒了。胡雪岩此举乃是有因而为，当然也受到了考官、士子们的一致称赞，并纷纷托人向胡雪岩致谢。

胡雪岩的胡庆余堂将他救死扶伤的对象范围扩大到全天下所有的百姓。在胡雪岩的主持下，胡庆余堂推出了十四大类成药，并免费赠送辟瘟丹、痧药等百姓家庭必备的良药，广济万民。

一个商人，功过与否，本不值得多说。但胡雪岩真的不一样！他在办银庄最赚钱之时，抽出了大笔现银，办起了赔本的药店！人家办药店，追求的是利润最大化，胡雪岩却为缺医少药的穷苦百姓提供医疗服务，干起了赔本的买卖。在一切朝钱看的商业活动中，胡雪岩的选择的确不易。他对我国中医药文化中的“悬壶济世”传统的继承与弘扬，值得我们的充分肯定与借鉴。

## 为国分忧，为富要仁且义

“仁”与“义”是胡雪岩商业精神的核心。胡雪岩在经商中，并不是把“利”当作做生意的唯一目的，更善于把中国人一向推崇的仁与义融入商业活动中，与他有商业往来的人都极为赞赏他的为人，乐于与他做生意。正因为如此，胡雪岩在商场中如鱼得水，屡屡成功，事业的发展一帆风顺。

孔子说：“君子喻于义，小人喻于利。”其实，在私为利，在公就是义，从更深层次看，义与利是统一的。胡雪岩对这一义利观非常赞同。胡雪岩认为就义利二者的关系来讲，义是第一位的，而利则是第二位的。君子爱财，取之有道。赚钱不是什么坏事，关键是赚钱的方式必须符合社会道义。

1866 年，胡雪岩建议左宗棠在马尾设立船政局，左宗棠也正有此意，两人不谋而合，后来又得到了皇帝的批准。筹办之初，胡雪岩利用其与法国人的关系，与法国人德克碑、日意格谈判，达成《船政事宜十条》，并一手经理出入款和局务。1868 年 1 月，福州船政局正式开工。

19世纪60年代到90年代，中国掀起了洋务运动，创办了一批近代军事工业，比较重要的有曾国藩创办的安庆军械所，李鸿章成立的江南制造总局，左宗棠开办的福州船政局，崇厚的天津机器制造总局。

左宗棠的建造船厂，酝酿较早。1864年，左宗棠曾在杭州制成一艘小轮船，“试之西湖，行驶不速”。1866年，镇压了太平军余部以后，左宗棠着手筹建船厂。左宗棠奏称：“自海上用兵以来，泰西各国火轮兵船直达天津，藩篱竟同虚设。”“臣愚以为欲防海之而收其利，非整理水师不可；欲整理水师，非设局监造轮船不可。”同时指出：“轮船成则漕政兴，军政举，商民之困纾，海关之税旺，一时之费，数世之利也。”显然，左宗棠把建设船厂看成是富国强兵、得民惠商不可缺少的要务。

船政局在办厂过程中，虽然遇到了种种困难，但造船技术则逐渐有所提高。最初只能制造一百五十马力以下的木壳船，到1887年则制成第一艘铁甲船，轮机也由旧式单机改为复合机，马力由一百五十增至两千四，在中国近代造船史上，占有相当重要的地位。

还有一次，胡雪岩为左宗棠收复新疆筹集军饷军火。1867年，英、俄插手新疆，西北边疆出现了骚乱，浩罕汗国将领阿古柏趁清政府无暇外顾之机，侵占新疆。沙俄趁火打劫，于1871年侵占伊犁，并向准噶尔盆地渗透。由于沙俄大力支持叛军首领阿古柏，清廷派了很多将领前去，都无力平定叛乱。同时，清政府的东南沿海防务也十分紧张。清政府必须在“海防”与“塞防”之间作出优先抉择。于是，一场塞防与海防之争就此掀起。

胆小怕事的李鸿章主张放弃新疆。面对举棋不定的清廷，左宗棠慷慨陈词，把收复新疆提到保障国家安全的高度，坚决主张打击沙俄气焰:“若此时即拟停兵节饷，自撤藩篱，则我退寸，而寇进尺。”终于，清政府支持了左宗棠，正式任命左宗棠为钦差大臣，督办新疆军务。

左宗棠收复新疆之战迫在眉睫，由于晚清政府财政空虚，军饷仍然毫无着落。在这个时候，胡雪岩大胆地提出了向洋人借款的想法。当时，擅长与洋人打交道的恭亲王在向洋人借款时都曾被拒绝过，向外国商行借款的难度可想而知。左宗棠知道这件事棘手，但他相信胡雪岩的周旋能力，于是放手让胡雪岩去做。胡雪岩跟外商以自己的茶叶、蚕丝等为抵押，终于从汇丰及其他外资洋行借款六次，共借到一千八百万两白银，解决了军饷的难题，为左宗棠收复新疆立下了汗马功劳。

左宗棠一生对中华民族最大的贡献就是收复新疆。在晚清名臣皆是“内战内行，外战外行”的情况下，他率军抵抗外敌，收复新疆，是晚清腐败政治中一大的亮点，也为中国保住了一百几十万平方公里的国土。因此，梁启超先生称赞左宗棠为“五百年来第一伟人”！其实这里面，胡雪岩的功劳，并不比左宗棠逊色多少。

我国古代商人一贯重视道德自律，提倡爱国爱民、明理诚信，对社会有深重的责任感。胡雪岩这种不计个人钱财得失、为国为民的精神值得我们好好学习。

站在今天的角度来研究胡雪岩，我们可以发现，胡雪岩在短短十几年的时间，就能富甲天下是有很多原因的。但如果胡雪岩只是为了自己挣钱，不顾国家兴亡，那也不值得我们去学习。胡雪岩之所以被商界奉为商圣，一方面是因为胡雪岩经商讲求诚信，另一方面是胡雪岩利用他的财富，为国家和百姓做了很多的好事。

## 磊落风骨，青史留播美名

一个生意人，不管你有多大本事，都应该注意进行恰如其分的自我判断，清醒地把握自己的短处和优点，务必提醒自己要量力而行。一个人如果硬要去从事自己力不能及的事业，肩负力不从心的重担，最终只会把事情办糟。在这个问题上，胡雪岩借洋债用于军需粮饷，本来就是国家的责任，但借的二千多万两的债务风险，却落在了胡雪岩一个人身上。胡雪岩大包大揽，在乱世之中以一人之力而承担国家的债务，显示出了他慷慨大义的磊落风骨。

在胡雪岩涉足生丝市场，准备与洋人大打丝战时，胡雪岩明白自己当时实力弱小，不仅不受清廷支持，而且还要忍受中国官僚的嘲讽排挤；而洋商则有本国政府支持，实力雄厚。如果全凭自己的力量是无法抗衡洋商的，但是经营生丝的还有许多华商，他们虽然实力都不强，但人数众多，倘若把他们团结起来，形成合力，则与洋商尚可一战。随着胡雪岩的财力越来越雄厚，胡雪岩决心在生丝生意上与洋人一拼到底，控制生丝市场。

1881 年，胡雪岩开始陆续斥资收购二市新丝。因不满外国人操纵中国的丝业，低价狠杀百姓，他以高出洋商的价钱收购生丝。到 1883 年，他投进去的银子有两千多万两！这年，恰好浙江当年气候不好，影响蚕桑生产，胡雪岩以为机会来了，就决定悉数收购本地生丝，又派人到外地去收购。

胡雪岩在没有发迹之时，少不了要仗着洋人，但他有了一定实力，就自然地要考虑为本民族谋利。这尽管有其商业利润的驱动，但其中的的确确有为民族利益抗争的一面。只可惜，这一年意大利生丝丰收，消息灵通的洋商都到意大利进货去了，而胡雪岩毕竟处在消息闭塞的中国，对这些情况全然不了解，结果囤丝达上万包，没有卖出去。

同时，上海商界的华商唯利是图，喜欢窝里斗。当胡雪岩和洋商的生丝大战激烈之时，洋商开始很惧怕，曾派人找胡雪岩商议，愿意加价一千万两买他收的丝，但胡雪岩非要加价一千二百万两才肯答应，结果没谈成。

第二年，胡雪岩决定联合中国的几大商团共同来控制中国丝业，要让洋商一两也收不着，这样洋商必然会听命于中国商人。但当时的那些商人，根本就无法组织起来。

当时，胡雪岩因上年收购生丝太多，已经没有那么多的钱来收丝了，结果其他一些商人跟着洋人低价收购，新丝几乎十之八九为外商所收。这样一来，胡雪岩的旧丝就没人要了。

到了1883年，因越南主权之争，中法战争一触即发，法国人严查过往商船，到中国做生意的更是少之又少，胡雪岩的日子就更难过了。在这种情况下，胡雪岩托人去劝洋商买他的丝，洋商却只答应按八百万两银子的价才要。结果，胡雪岩因为资金周转不灵，又担心丝货变质，被迫低价出售。仅这一次，胡雪岩就损失了过半家产。

屋漏偏逢连夜雨。当时因为清朝内部的政治斗争，李鸿章已经下决心要整垮胡雪岩。各省协饷都被上海道台邵小椿扣留，不解交阜康钱庄。同时大商人盛宣怀暗中放风，引起阜康钱庄被挤兑。而胡雪岩为保住自己在左宗棠面前的面子，竟然不听古应春的劝告，不发电求助左宗棠。这样一来，挤兑风波突起时，胡雪岩连得力的补救措施也没有，眼睁睁看着阜康钱庄被挤兑。阜康一垮，多米诺骨牌效应旋风而至，胡雪岩的钱庄当铺等事业也就一轰而塌。

胡雪岩一时四面楚歌，讨债的人排成了长队。他的最大债权人——文煜，眼见胡雪岩破产，心里着急，追讨最紧。文煜有朝廷背景，后来经左宗棠的同意，胡雪岩不得不以十八万两的低价将价值数百万的胡余庆堂变卖与文煜。胡雪岩到了这个地步，已经是山穷水尽了！

不过无论如何，胡雪岩都算是商界中一位“赢得起也输得起”的好汉。胡雪岩说:“我是一双空手起来的，到头来仍旧一双空手，不输啥！不但不输，吃过、用过、阔过，都是赚头。只要我不死，你看我照样一双空手再翻过来。”正是因为有如此心胸和气魄，胡雪岩虽然输了，但输得很洒脱，令人敬佩。即使濒临抄家破产时，胡雪岩也没有私藏家产，不仅输得大气，而且输得光明磊落。事实上，在当时胡雪岩完全有条件为自己藏匿一些钱财的。想想胡雪岩偌大一个家业，不用说银两，就是家中的细软首饰，留下一部分，也可以保障他的生活。即使在钱庄、丝行全面倒闭之后，由于有左宗棠在官场中的转圜斡旋，胡雪岩只是被革去二品顶戴，也没有被查抄家产，胡雪岩完全有条件转移财产，但他都没做，而是负起全部责任。这一点更不能不让人钦佩。作为一个商人，一个自称只知道“铜钱眼儿里翻跟斗”的主儿，能够在自己的一生心血彻底输光的时候，洒脱地“认”了，实在是难能可贵。

到了 1885 年，胡雪岩的靠山左宗棠在福州去世，这对胡雪岩可以说是一个不祥的信号。左宗棠在世的时候，因胡雪岩是他的得力干将，也还有人碍着左宗棠的面子，不敢将胡雪岩往死里整。但左宗棠一死，情形就产生了很大变化。户部尚书、军机大臣阎敬铭奏请将胡雪岩拿交刑部定罪，查抄胡雪岩的财产以报朝廷。等清廷的官员们来捉拿胡雪岩的时候，胡雪岩已经于几天前忧愤而死。

胡雪岩给我们留下的教训和启示，是非常深刻的。纵观胡雪岩的一生，既有商人唯利是图的一面，又有报效祖国、争取民族利益的一面。他的衰落，与旧式商人眼界狭小有关，又与国运日衰、外强入侵有关。胡雪岩的一生，给我们后人留下了一笔宝贵的精神财富！

# 下　篇

## 曾国藩不可不知的做人绝学

曾国藩，初名子城，字伯函，号涤生，湖南长沙府湘乡（今湖南省双峰县）人。嘉庆十六年（1811年）10月26日，曾国藩出生在湖南湘乡一个偏僻山村的地主家庭。他六岁入塾读书，八岁学经，十四岁应童子试，二十二岁考取秀才，二十八岁中进士。咸丰帝继位后，他先后任礼、兵、工、刑、吏部侍郎等职。

太平军起义后，曾国藩被任命为团练大臣，负责湖南的团练招募、训练和自保，他以封建宗法关系为维系纽带，组建了一支骁勇善战的湘军。历经十多年艰苦卓绝的战斗历程，终于将太平天国运动镇压下去。他因功官至两江总督、直隶总督、武英殿大学士，封一等毅勇侯。在功成名就之后，曾国藩自解兵权，遣散湘军。1864年，他称病辞官，功成身退。1872年3月12日，死于两江总督任上，终年六十一岁。朝廷赠太傅，死后被谥“文正”。

曾国藩是中国近代在政治、军事、治学等方面都有卓越成就的风云人物，被誉为“晚清第一名臣”。清政府称他“忠诚体国，节劲凌霜”，甚至誉其为“千古完人”。他的门生故吏更把他称为“德比诸葛，功过萧、曹，文章无愧于韩、欧，实为近百年来难得之圣贤”。

# 第八章 | 这个男人不得了

“朝为田舍郎，暮登天子堂”，从一个普通的农家子弟到官居一品，这是很多人认为不可实现的，但是曾国藩就做到了！他靠的是非凡的志向和非凡的斗志！很多人认为自己没有靠山、没有财富、出身平平、碰不到好机遇，但是曾国藩就是在这种情况下做出惊天伟业的。这值得我们每个人深思一番！

## 这个男人不得了

曾国藩出生于湖南省湘乡县白杨坪。他家世代务农，曾国藩在《大界墓表》中说:“吾曾氏家世微薄，自明以来，无以学业发名者。”曾国藩这样一个农家的子弟，要想有出息，没有别的指望，一切都要靠自己。而当时的出路也只有一条，即借科举考试走上仕途。曾国藩所要走的正是这条艰难的科举之路。不想时势造英雄，成就了他一生之风云。他从湖南小山村的穷书生连升十几级，最后成为两江总督、直隶总督，官居一品，被封公侯。对此，后世还有一个有趣的传说。

一天深夜，曾国藩的祖父曾星冈忽然看见一条巨蟒在自家门口自天而降，并绕屋一匝，进了大门。蛇身如吊桶，黝黑有光，斑纹赫然，吐着长长的信子，嘶嘶作响，眼睛通透有红光，头进院子很久，尾巴还在门口。曾星冈吓出一身冷汗，就醒来了，醒后方知是南柯一梦。曾星冈披衣起床，走出户外，明月当天，四周寂然，突然看见屋门前的空坪上分明躺着一条大蛇，左右挪动，不禁又吓了一跳。他再定睛看时，哪里有蛇，分明是一株老藤在月夜下的影子。

就在他三思之时，家人过来报喜，儿媳妇生了个胖小子。曾星冈喜出望外，看那胖小子眼睛尚未睁开，却似笑非笑。曾星冈猛然醒悟：莫非孙子是蟒蛇精投胎？他高兴地对大家说："这是曾家的好兆头啊。我曾家从此要发达了！"这事之后，屋后庭院里缠在古枫树上的紫藤，本已枯槁，忽又复活，枝粗叶茂，盘旋而上，宛若一条巨蟒。曾星冈将自己的梦境一说，众人大奇，曾国藩是蟒蛇精转世的神话就在当地悄悄地流传着。

自古奇人多异相。由于曾国藩从小皮肤就很干燥，每到天气转冷的时候，全身皮肤干燥、脱屑，犹如蛇身，奇痒难忍。并且，在他中年以后，蛇皮区似乎也随着他的官位越变越大，折磨得他痒痛异常，日难处理军情，夜难入睡，早起后满床都是皮屑。这一怪病，始终未能治愈，困扰其一生。这也成为人们茶余饭后的话题。

曾国藩的人生是传奇的一生。人须努力追求自己的理想目标，自强不息，这便是曾国藩的人生态度。曾国藩本人所立志向："其大者欲行仁义于天下，使凡物各得其分"；"其小者欲寡过于身，行道于妻子，立不悖之言以垂教于宗族乡党"。这两个目标，也就是孟子所说的："穷则独善其身，达则兼善天下。"这便是君子的自处之道。

曾国藩超尘脱俗的地方，在于他很早就能摆脱名利思想的束缚，而立志做圣贤。他亲自把自己改名为“涤生”，即取“昨日种种，譬如昨日死。今日种种，譬如今日生”。要洗涤旧迹，获得新生之意。这次改名就是这一志向的突出表现，抒发了曾国藩弃旧图新、发愤自强的理念与信念。待到他科名顺遂，入点翰林，便立定了澄清天下、藩卫国家的志向，于是又更名为“国藩”。可见，曾国藩从青年时代起就是一个志向远大的人。

人不仅要立志，而且应志当存高远，也就是要有远大的抱负，亦即《史记》中所说的“鸿鹄之志”。《三国演义》中曹操有句名言“夫英雄者，胸有大志，腹有良谋，有包藏宇宙之机，吞吐天地之志也”，意思是说：要成为英雄(成功者)，需要有两个条件，即大志和良谋，大志处于首要地位，大志是大成的首要决定因素。人生可谓小志小成，大志大成。许多人的失败，不是因为没有才干，而是缺乏志向和清晰的发展目标。

曾国藩与别人不同之处在于，他不仅仅看到生活庸俗、颓废的一面，还能因自己所处的环境而迅速觉醒过来，为改变自己的生存环境，实现自己的人生理想，立下了远大志向。曾国藩深信自己如深山中不为人知的巨木，终有一日将成为支撑国家的顶梁柱。他后来也确实实现了心中的理想。

做人应先从立志开始。曾国藩说:“人行能自立志，则圣贤豪杰何事不可为?”人有志向，生活便有方向。人生的价值、意义和境界，在对志向的追求过程中有了很好的体现。

俗话说：有志者事竟成。一个志存高远的人必定有远大的理想和抱负。立志的人和没有志向的人，在人生的各个方面都大不相同。志向的高低决定他成就什么样的事业，拥有什么样的人生。

## 读书可以改变命运

在旧中国传统社会中，人们都明白，衣食致富靠力田行商；成才扬名，做官食禄，光宗耀祖，必须靠习字读书。俗话说：书中自有黄金屋，书中自有颜如玉。一个人要想有所成就，必须勤于学习，善于学习，这是一条不言自明的道理。曾国藩少时在书院读书时就立志要光宗耀祖、报效朝廷，要干一番轰轰烈烈的事业。他在一首诗中抒发了他的志向："浩浩翻江海，争奔且未阑。古来名利客，谁不到长安？"他踌躇满志，信心十足："莫言书生终龌龊，万一雉卵变蛟龙。"

曾国藩是一个进取心很强的人。在家风家学的影响下，曾国藩一生读书不辍。据说，曾国藩的祖父曾星冈原本是个不识字的农夫，因争宅基地和湘乡的一位大乡绅闹了场官司。因曾星冈不识字，又没有如数递上润笔费，让一位代写诉状的老秀才给捉弄了一把，有理的事硬让他的生花妙笔给写成了无理。星冈公到了县衙才知道被人耍了，因诉状不占理，曾星冈自然败诉。这场失败的官司，把曾星冈一下子气得病在床上，半年才下地。病好后，他求人在长沙雇了名六十岁的老秀才，专教已到入学年龄的长子曾麟书习字。不为别的，只为争口气。只可惜曾麟书读书缺乏天分，那八股文怎么也写不好，进了十六次考场也没中个秀人。第十七次赴考的时候，连学政大人都被感动了，点了名才算进了县学，成了秀才。这时，曾国藩已经到了入学年龄。

曾星冈一看指望儿子振兴家族是不可能的了，就把主要精力花在孙辈的身上。于是，在曾国藩六岁的时候，祖父曾星冈为他设了一所家塾，重金聘请一名老秀才教他读书识字。这对于曾国藩的教育，无疑是有益的。在老师的督责下，曾国藩九岁便读完了“五经”，开始学做八股文。转年，他的弟弟曾国潢出生，祖父曾星冈即景命题《兄弟怡怡》，叫他做一篇八股文。十岁的曾国藩居然写了出来。曾星冈十分高兴地赞赏说：“文中有悟性，必能以孝友承其家矣。”十四岁那年，曾国藩父亲的好友欧阳凝性看到他的诗文，大加夸奖。欧阳凝性是衡州府作八股文的能手。为了试一试曾国藩的才学，以“共登青云梯”为命题，让曾国藩写律诗一首。诗成，欧阳先生大为惊喜，认为他前程无量。

此后，曾国藩除继续苦学八股文之外，还读了《史记》《文选》之类的书籍。道光六年（1826 年），曾国藩去参加长沙府试（童子府试），名列第七。曾星冈认为曾国藩的确有培养前途，唯恐贻误孩子的前程，便将曾国藩送往衡阳，从师于觉庵先生，接着又将他送到本县的涟滨书院。经名师指点，曾国藩的学业果然大有长进。曾国藩二十三岁入县学，二十四岁中举人，二十八岁中进士，跟父亲曾麟书比，曾国藩在进学方面可谓一帆风顺。

曾国藩于读书学习尤为可贵的是，把它作为一生之事，相伴终生。1871 年，曾国藩的身体每况愈下，精力一天不如一天。在这种情况下，他还写了几句箴言，警示和鞭策自己读书不要放松。这几句话语是：“禽里还人，静由敬出；死中求活，淡极乐生。”他认为“暮年疾病、事变，人人不免”，而读书则贵在坚持，才能体味出乐趣。因此，在生命的最后时刻，曾国藩照旧读书不废。

人生追求总是无止境的，但朝三暮四，“三天打鱼，两天晒网”，也绝对成就不了事业。在曾国藩成功的诸多经验中，他做事有恒心，坚持读书是非常重要的一条。

曾国藩一生勤奋好学，以“勤恒”两字激励自己，他抓住一切读书的机会，手不释卷。曾国藩在道光二十二年（1842年）冬，曾给自己订下了每天读书的十二条规矩：一、主敬：整齐严肃，清明在躬，如日之升；二、静坐：每日不拘何时，静坐四刻，正位凝命，如鼎之镇；三、早起：黎明即起，醒后不沾恋；四、读书不二：一书未完，不看他书；五、读史：念二十三史，每日圈点十页，虽有事不间断；六、谨言：刻刻留心，第一工夫；七、养气：气藏丹田，无不可对人言之事；八、保身：节劳，节欲，节饮食；九、日知其所无：每日读书，记录心得语；十、月无忘其所能：每月作诗文数首，以验积理的多寡、养气之盛否；十一、作字：饭后写字半时；十二、夜不出门。

曾国藩的这十二条读书规矩，前三条是为读书做的准备。第四、五、九、十、十一条是读书的方法；而第六、七、八、十二条看起来似乎与读书关系不大，实质上是要求自己集中精力读好书，因而这看似关系不大的规矩，却是保证读书质量的重要手段。曾国藩不仅勤于读书，而且善于读书，深得要领。此外，曾国藩读书重视做读书笔记，除经史外，常随手摘记。他还注重消化归纳，从而提出自己的精当见解。

曾国藩的这些读书经验对今天的人们来说，仍有积极的借鉴作用。

## 恭谦做人，虚怀若谷

千古以来，文人相轻，已成为一种老毛病。相传曾有人写了首诗自吹道:“天下文章有三江，三江文章唯我乡，我乡文章数舍弟，舍弟跟我学文章。”转了一个大弯，还是自己的文章好。曾国藩对此有清醒认识，力倡以“戒傲”医文人之短。

曾国藩认为天下有才能的人，很多就是败在一个傲字上。戒傲，才能家兴人兴事业兴。曾国藩一生恭谦，认为为人为学，最要虚心。曾国藩一生官运亨通，曾创造过京官十年连升十级的奇迹。但平时他谈得最多的，也是他一直最为担心的，便是家族和湘军的傲气。在那个年代，曾国藩能这样想是十分不容易的。他要求湘军内部自将领至兵卒，必须精诚团结，努力作战，有功不能骄傲。受他的影响，湘军虽然屡立战功，但从不自傲，这就是曾国藩作为一代伟人的过人之处。

据说，曾国藩在长沙岳麓书院读书时，有一位同学性情暴躁。一次，他看见曾国藩的书桌放在窗前，就说:“我读书的光线都是从窗中射来的，不是让你遮着了吗？赶快挪开!”曾国藩果然照他的话移开了。

曾国藩晚上掌灯用功读书，那人又说:“平常不念书，夜深还要影响别人吗?”曾国藩又只好低声默诵。

不久，曾国藩中举人，报喜的人到的时候，那人更大怒说:“这屋子的风水本来是我的，反叫你夺去了!”在旁的同学听着不服气，就问他:“书案的位置，不是你叫人家安放的吗？怎么能怪曾某呢?”那人说:“正因如此，才夺了我的风水。”同学们都觉得那人无理取闹，替曾国藩抱不平，但曾国藩却和颜悦色，毫不在意，劝息同学，安慰同室，像没事人一样。由此可见，青年时代曾国藩的涵养和气度就非同寻常了。

俗话说：地低成海，人低成王。深藏不露、低调做人不仅是一种境界、一种风范，更是一种思想、一种哲学。民间有句非常贴切的谚语：低头是稻穗，昂头是稗子。越成熟、越饱满的稻穗，头垂得越低。只有那些穗子里空空如也的稗子，才会始终把头抬得老高。

曾国藩少时就能恭谦做人，是与曾家的家教分不开的。从曾国藩的祖父辈起，家中便时刻以“戒傲”为训。比如，曾国藩在家书中说:“吾于道光十九年十一月初二日进京散馆，十月二十八早待祖父星冈公于阶前，请曰:‘此次进京，求公教训。’星冈公曰:‘尔之官做不尽，尔之才是好的，但不可傲。满招损，谦受益，尔若不傲，更好全了。’遗训不远，至今尚如耳提面命。今吾谨述此语告诫两弟，总以除傲字为第一义。吾自八年六月再出，即力戒惰字以儆无恒无弊。近来又力戒傲字。昨日徽州未败之前，次青心中不免有自是之见，即败之后，余益加猛省。大约军事之败，非傲即惰，二者必居其一；巨室之败，非傲即惰，二者必居其一。”

曾国藩深知狂傲的害处。比如，曾国藩在写给他四弟登侯的信中，很有感触地说:“吾人为学最要虚心，尝见朋友中有美材者，往往恃才傲物，动谓人不如己，见乡墨则骂乡墨不通，见会墨则骂会墨不能，既骂房官，又骂主考，未入学者则骂学院。平心而论，己之所为诗文，实亦无胜人之处；不特无胜人之处，而且有不堪对人之处。只为不肯反求诸己，便都见得人家不是，既骂考官，又骂同考而先得者。傲气既长，终不进功，所以潦倒一生而无寸进也。”还写道:“三房十四叔非不勤读，只为傲气太胜，自满自足，遂不能有所成。京城之中，亦多有自满之人，识者见之，发一冷笑而已。又有当名士者，鄙科名如粪土，或好作诗古文，或好讲考据，或好谈理学，嚣嚣然自以为压制一切矣。自识者观之，彼其所造曾无几何，亦足发一冷笑而已。故吾人用功，力除傲气，力戒自满，毋为人所冷笑，乃有进步也。”

做人要虚心，但真正能做到虚心的人却不多，更多的人却是狂傲之心常有。狂傲之人以狂放不羁、恃才傲物为个性特征。由于过分狂傲，不肯屈就，难免会给自己添麻烦，甚至引来杀身之祸。

三国时的杨修，恃才傲物，又不遵从军纪，结果惹恼曹操，掉了脑袋；祢衡，年纪轻轻的，不仅不服人，还公然擂鼓大骂曹操，曹操一气之下，借刀杀了祢衡。杨修与祢衡的死，曹操当然要负责任，而二人的狂傲个性，则是惨剧的诱因。在我们的人生历程中，切勿狂放不羁、恃才傲物，而要学会虚心做人。

## 不断完善自己的人格修炼

曾国藩在中国近代史上被称为“完人”，他有道德、有军功、有文章。曾国藩作为一个政坛上的大成功者，和别人最不同的地方就是非常注重完善自己人格的修炼。曾国藩一生的事业，修身才是他事业成功最重要的原因。

曾国藩对于修身有许多独到的见解，认为：“吾人只有进德、修业两事靠得住。”他的格言“不为圣贤，便为禽兽；莫问收获，但问耕耘”，可说是他人生态度的精练概括。

在曾国藩的家人中，对他影响最大的是祖父曾星冈，祖父威严、勤俭，眼界不俗，富有见地。他教导曾国藩说，男儿以懦弱无刚四字为大耻，故男儿当自立，必须有倔强之气。他的八字法（早、考、扫、宝、书、蔬、鱼、猪）和三不信（不信医药、不信僧巫、不信地仙）被曾国藩反复强调，作为曾氏家训的主要内容。曾国藩从祖父那里至少学到了不少修身的基本经验。

曾国藩的修身之道首先是诚，为人表里如一；第二个是敬，敬畏，内心不存邪念，端庄严肃有威仪；第三个就是静，心、气、神、体都要处于安宁放松的状态；第四个字是谨，不说大话、假话、空话，实实在在，有一是一，有二是二；第五个字是恒，生活有规律，饮食有节，起居有常。最高境界是“慎独”，就是人应该谨慎地对待自己的独处，也就是指在没有任何监督的情况下，都要按照圣人的标准，按照最高准则来行事。这是修身的最高境界。

比如，在翰林院工作期间，曾国藩把修身当作日常很重要的一个部分。曾国藩如饥似渴地读过很多的书，使他的诗文名扬京城。曾国藩三十岁时，吟诗作对就有了很深的造诣，在文人的圈子里很有名气。而且，曾国藩反映民生的奏折在社会上广为流传，树立了很高的社会声望。

曾国藩曾在《君子慎独论》中写道：君子在遇到事情的时候，能分析公与私的区别；心在联系道理的时候，又能充分精辟地研究事理的得失。对于善事应当做，不好的毛病应去掉，这些早已经形象鲜明地认识到了。而那些小人，却不能有实在的见识，去做他们所知道的应做的事。对于办一件好事，唯恐别人不能觉察到，因而去办时迟疑不决；对于办一件不好的事情，侥幸别人不一定窥视到，因而改正得很不力。背地里独处之时，弄虚作假的事情就产生了，这就是欺骗。而君子唯恐去办一件善事却办得不力，在晦暗中有堕落的行为；一个坏毛病改正不了，就会像涓涓细流长年不断地犯错。暗室之中懔然不动仿佛面对天神一般，主心骨坚如金石。单独行事，要谨慎而又谨慎。这就是圣人遵奉的要领，也是后世应切实研究的问题呀！

曾国藩的这番话告诉我们，人要是能做到慎独，那么必能得到快乐。曾国藩认为能够做到慎独，就可以内省不疚，可以对天地，质鬼神，可以泰然处之，可以快乐、满足、欣慰、平静。因此，曾国藩坚持每天记日记，对每天言行进行检查、反思，这一直贯穿了他的后半生，他不断给自己提出更多要求：要勤俭、要谦逊、要仁恕、要诚信，知命、惜福等，力图完善自己的人格。

曾国藩还在日记中写道："我在别人家中看到有人吹捧卖唱女子，便有些心动；梦中看到别人获得利益，很是羡慕。醒来后严厉地斥责自己，因为有好得之心，所以在梦里出现这种情形，自己真是太卑鄙无耻了！想痛改前非，但听到别人奉承卖唱女，居然心动……早上醒来自己仍恋恋不忘，知道是大的错误又重新犯它，哪里还有平淡之气在?"曾国藩就是这样坚持对自己一天的言行进行检查、进行反思，对自己在修身方面存在的缺失作检讨。他的过人之处就在于能真诚面对自己心灵中最阴暗的角落，然后进行无情的攻击。他这种自我批判的精神，值得后人认真学习。

## 沉得住气，临危不乱

人生在世，每天都有许多事情要做，只有保持内心的平静，遇事冷静思考，才能想到解决问题的办法。保持内心的平静，就是要在事情来了之后，不慌不忙地去坦然面对，尽量争取做得圆满无缺。只有这样，心中才不会留下遗憾，做人才会更轻松。

曾国藩经过十多年的寒窗苦读后，二十八岁时高中进士，进了翰林院。一个农家子弟能中翰林，这真是破天荒的事情。因此，做一个好翰林，自然是曾国藩心中最大的愿望。当时曾国藩主要做的事情便是勤奋苦学，广泛阅读。读书是件非常艰苦的事情，要真正深入研读，必须做到心无旁骛。曾国藩的读书状态又如何呢？他在日记中记录了研读《易经》时的情形：“丹黄几十页书，如勉强当差一样，是何为者？平生只为不静，断送了几十年光阴。立志自新以来，又已月余，尚浮躁如此耶！”这样浮躁的心境下读书的效果可想而知，每日“不知心忙什么”，不仅研究《易经》一无所得，甚至连书都不能背诵。

对此，他的老师唐鉴告诉他，读书静字功夫最是要紧，程颐、王阳明都强调静字功夫。唐鉴字镜海，湖南善化人，以研究理学享誉于世，当时刚从江宁布政使职位上调任太常寺卿。唐鉴还对曾国藩说：“学问有三门，即义理、考核、文章。义理这方面程朱的学问最好；考核之学多求粗遗精，琐碎而不得大义，不必致力；至于文章之学，则以精于义理为基础。”唐鉴教导曾国藩从词赋诗文之学中走出来，静下心认真研读义理之学，其实质上是要曾国藩将功夫从技能的提高转向心性的修炼上。心性修炼就是人格的打造，用我们今天的语言来说，即人的综合素质的培养，这是最为根本的事情。

曾国藩牢记这话，在静字下了很大的功夫，经历过诸多风雨后，终于领悟“静”之韵味，他说：“神明则如日之升，身体则如鼎之镇。”从这里可以看到曾国藩悟到“静”后的最高精神境界。

曾国藩在日记中主张修身养性应该按照静坐的步骤去进行。儒家、道家、佛家三家共同强调一个“静”字，这也是中国封建社会士大夫阶层最为基本的修身方法。曾国藩采儒道佛三家学说之长，将静字功夫看得更为重要，认为一个人若心不静，省身不密，见理也不明。历史上，只有沉得住气、临危不乱的人可担当大任；浮躁不安、毛手毛脚的人，做事往往半途而废。

心态决定人生。诸葛亮的"非宁静无以致远"，说的就是这个道理。一个人的心处于绝对安静的状态时，便可以从容思考各种疑难问题，从容处理多方杂务。曾国藩在同治三年攻打南京的时候，静字功夫就帮他渡过了许多难关。

当今的社会是一个开放的社会，机会多诱惑多，而诱惑多了心就容易乱，心一乱处事就浮躁，因此，静字功夫在今天也对我们大有作用。人生不如意事十有八九，心情抑郁的时候，将纷乱的生活作一番调整，才能更好地面对每一天。

## 立志有恒，自强不息

立志并不难，难的是坚持按照自己的志向去踏实苦干。一遇到挫折或世态变迁，就给自己找个理由，违背自己的理想沉沦下去，是凡夫俗子所犯的通病。曾国藩则没有这样，他特别强调立志有恒的巨大作用。平时，曾国藩无论是教育别人还是教育家人，都最为强调"立志有恒"四个字。这种立志有恒、自强不息的精神，是曾国藩成功的基本条件。

曾国藩在《致沅弟书》中阐明了自己对"恒"的深刻认识，他写道："凡人作一事，便须全副精神注在此一事，首尾不懈；不可见异思迁、做这样想那样、坐这山望那山。人而无恒，终身一无所成。"在另一封家书中，他写道："惟做事贵于有恒。精力难于持久，必须日新又新，慎而加慎，庶几常葆令名，益崇德业。"曾国藩在教导儿子时说道："人生唯有常是第一美德。"同治四年七月十三日谕纪泽："近年在军中阅书，稍觉有恒，然已晚矣。

故望尔等于少壮时，即从有恒二字痛下工夫，然须有情韵趣味，养得生机盎然，乃可历久不衰，若拘苦疲困，则不能真有恒也。”

曾国藩的恒心突出地表现在他一生坚持读书、练字、写日记上。他从道光十九年（1839 年）二十八岁时起开始写日记，持之以恒，从不间断。曾国藩的最后一篇日记是同治十一年（1872 年）3 月 11 日，即他病逝的前一天写的。曾国藩坚持写了三十三年日记，真正是立志有恒，自强不息。

在曾国藩看来，有志者事竟成。在一封信中，他写道：“我常常忧心忡忡，不能自持，若有所失，到今年正月还是如此。我想这大概是志向不能树立时，人就容易放松潦倒，所以心中不能没有努力的方向。没有一定的方向就不能保持宁静，不能宁静就不能心安，其根子在于没有志向啊！另外我有鄙陋之见，检点小事，不能容忍小的不满，所以一点点小事，就会踌躇一晚上；有一件事不顺心，就会整天坐着不起来，这就是我忧心忡忡的原因啊。志向没树立，见识又短浅，想求得心灵的安定，就不那么容易得到了。现在已是正月了，这些天来，我常常夜不能寐，辗转反侧，思绪万千，全是鄙夫之见。在应酬时我往往在小处计较，小计较引起小不快，又没有时间加以调理，久而久之，就是引盗入室啊！”

恒心可以使人有所追求，使生活有了方向，人才会变得充实。人无论是在低微卑贱的时候，还是在春风得意的时候，都要志存高远，追求不息。曾国藩认为只要日夜孜孜不倦地攻读，一心一意地去钻研学问，就能成为孔孟那样的人物；如果自己不立志，就是天天与尧舜禹这样的圣人在一起，也不会有什么长进。

曾国藩能够进入统治阶级上层，凭借的是科举考试这张通行证，经过十载寒窗苦读，终成名臣。曾国藩参加了道光皇帝主持的殿试，被授一等翰林院庶士，从此仕途通畅。在以后的仕途生涯中，曾国藩十年七迁，在当时也实属罕见。不过，地位的显赫、声名的荣耀，并没有使曾国藩沉醉其中，反而更激发了他锐意进取的精神。曾国藩经常借诗文抒发自己的志趣，他自比李斯、陈平、诸葛亮等先贤，渴望成为国家的栋梁之才。在诗中，他经常表露出了这种情绪，他相信终究有一天，自己会如同云中展翅翱翔的孤凤一样，不鸣则已，一鸣惊人。

# 第九章 | 藏露——曾国藩升职记

曾国藩是最被推崇的政治人物。他升官最快，十年七迁，三十七岁即官居二品，在清朝绝无第二；他做官最好，举世推崇，与他合得来和合不来的人都对他没话说；他做官最稳，历尽官海风波，进进出出却能安然无恙。有人称之为“天下第一完人”，曾国藩的确是每一个从政人士的楷模！

## 金榜题名，官场得意

学而优则仕是中国的古训。从隋代开始，出现设科考试选拔官吏的制度，到明清形成了完备的科举考试制度。这种科举取士的制度给了很多低级阶层的人上升的机会，帮助他们找到了一条靠个人奋斗而改变自己命运的途径。许多出身低微的贫民阶层的人通过这条道路跻身于统治阶层。而且，一旦地位提高，就能光宗耀祖、福妻荫子，不但改变了自己的命运，甚至改变了整个家族乃至后代的命运。这种持续了一千多年的科举制度，影响了后来中国一千多年的读书人。

古代的读书人都相信，只要读书，就能改变命运。无论你是出身高贵还是低贱，一旦进了考场，大家都在同一条起跑线上，谁也不会比谁高多少。而一旦被取中，就能获得“鲤鱼跳龙门”的幸运。

曾国藩的父亲曾麟书就备尝科场艰辛。他应试十七次，直到四十三岁才中了个秀才。曾国藩参加童子试，先后考了七次；参加会试，也考了三次，只不过他比父亲幸运一些罢了。不过，曾国藩本人天资平平。据说，他小时候一天在家读书，对一篇文章重复朗读很多遍了，还是没有背下来。这时候，家里来了一个贼，潜伏在屋檐下，希望等读书人睡觉之后捞点好处。可是等了半天，就是不见曾国藩睡觉，他还是翻来覆去地读那篇文章。那个贼人在墙根底下等得不耐烦了，生起气来：“这种水平读什么书？”然后将那篇文章背诵一遍，扬长而去。曾国藩被突然发生的事情惊呆了，等那小贼背完文章跑了，他才反应过来，哂然一笑，心想：这个人好厉害啊，听了几遍就能背熟，看来我还是用功不够啊，还需要继续苦读！

勤能补拙是良训。正是凭着这股韧劲和恒心，曾国藩打下了良好的学问基础。

道光十三年，曾国藩参加湖南院试被取中，列第十七名，入了县学。这一年曾国藩二十三岁。第一次参加乡试，他就考中了秀才。而他的父亲苦苦拼搏了二十多年，才考取了这份功名。全家对于曾国藩的功业早成自然是欢欣鼓舞。道光十四年（1834年），曾国藩进入湖南岳麓书院读书，是年乡试得中第三十六名举人。

中了举人就该参加会试了。于是，这年冬天，曾国藩第一次离开湖南家乡北上京城参加第二年春天的会试，遗憾的是却没有考中。适逢这年皇太后六十大寿，照例增加会试恩科一次。由于从湖南到北京，千里迢迢，极不便利，来回的路费甚多。曾国藩写信给祖父和父亲，决定在京留住一年，等待参加下一年的恩科考试。

当时，北京有座“长沙会馆”，来自长沙府的应试举子都住在里面，花费极少，十分便利。在北京居住的这一年，曾国藩除继续认真准备应试外，还潜心攻读古文。道光十六年（1836年），曾国藩恩科再次名落孙山。两次会试落第，只有再等三年才能考了。于是，曾国藩满怀失望回转家乡。此时由于身边所剩下的路费花光，路途中他又向老乡易作梅借了一百两银子作路费。等曾国藩途经金陵时，见到一部精刻的《二十三史》，又用借来的钱和典当随身携带的皮袍冬衣的钱，买下了《二十三史》。这样一来，几年在外考试，回家后只剩一堆书了。庆幸的是，父亲见他花了上百两银子买回的一堆书，非但没有责备，反而鼓励他勤奋攻读。父亲的话对曾国藩起了很大作用，从此他闭门不出，发奋读书，打下了深厚的基础。

道光十八年（1838年），曾国藩再次进京考试，殿试成绩不很理想，只排名在第三甲中第四十二名。清代的殿试结束后，都要以皇帝的名义颁布殿试考生排名榜，这就是人们常说的金榜。金榜上进士的排名分三个档次，专业地说叫“三甲”。一甲三名（状元、榜眼、探花）为进士及第；二甲者为赐进士出身；三甲者赐同进士出身。照一般情形来说，读书人能够在一连串的科举考试中先后告捷，已经取得了做官入仕的资格，从此得遂功名，衣食无忧，应该是踌躇满志了。但就事实而言，可又不尽然。因为在进士之上，还有更高的一层，即“点翰林”。中了进士，不一定能做高官；被点了翰林，才具备了做高官的条件，并且升迁很快。如果曾国藩考不好，他在中了三甲进士之后就很难成为庶吉士，更不能成为翰林学士。这一次朝考对于他一生的官职升迁，都有巨大的影响。

曾国藩在中进士以后参加朝考，成绩非常好，列一等第三名。试卷进呈道光御览之后，道光皇帝又特别将他拔置为一等第二名。就这样，他便被选入翰林院的庶常馆深造。按照规矩，被取中庶吉士之后，在翰林院教习三年，期满后再经过一次散馆考试，成绩优良的，就能正式成为翰林院中的一分子。这回曾国藩的运气不错，靠着深厚的学问功底，在与皇帝的问答中发挥出色，被点中翰林。

高中翰林的这一年秋天，曾国藩踌躇满志地启程返乡。曾家世世代代，只有曾国藩第一个被点了翰林，可谓衣锦还乡。曾国藩能进翰林院，是他人生的一大机遇。从此他如鱼得水，充分发挥苦啃书本的特长，通过两三年一次的大考，十年间竟一路攀升到礼部侍郎。这样的官运是极为亨通的。宦途如此得意，对他今后的成功影响极大。试想，如果他不是以正二品的侍郎身份回湘，哪里会有一呼万应的号召力？哪有资格成为湖湘士人的领袖呢？

可见，一个人的运气有时也是很重要的。

## 十年七迁，连升十级

俗话说:“朝中有人好做官。”在封建社会，这是司空见惯的事情。曾国藩二十八岁中进士，选翰林院庶吉士，两年后授翰林院检讨，官衔从七品。到他三十七岁那年，即步入仕途的第十个年头，已官居内阁学士兼礼部侍郎衔，品级为从二品，跻身朝廷大员的行列。这就是所谓的“十年七迁、连升十级”。类似他这种经历的，当时全国范围里连他在内只有三人，至于在湖南省，有清一代，则仅此一人而已。

曾国藩到京师的最初几年，也是一个凡夫俗子，没有什么特殊之处。他能够如此快地升官，除了本人的学问出众、皇帝赏识之外，还有一个重要原因就是他是军机大臣穆彰阿的得意门生。那么，穆彰阿是何许人也？读过清史的人都知道，乾隆年间权势最重的一个人物叫和珅，他官居协办大学士、军机大臣、兵部尚书、九门提督；而道光年间最得势的人物就是穆彰阿，势力虽比不上和珅，但在当时的官场却是一等一的人物。那时官场的情况是县怕府道，府道怕督抚，督抚怕军机，军机怕大学士，大学士怕穆彰阿，穆彰阿怕皇上。穆彰阿（1782—1856），字子朴，号鹤舫，满洲镶蓝旗人，郭佳氏，嘉庆进士。穆彰阿历任内务府大臣、步军统领、兵部尚书，直至大学士。曾国藩会试的主考官、大总裁和阅卷大臣，就是穆彰阿。所以，两人有了师生之情分。

曾国藩读书之余，还喜好古玩字画。他为此专门拜了一位古玩前辈为师，学到了一手鉴定古玩的绝活。而大学士穆彰阿也有爱好古玩字画的兴趣。共同的爱好使得他们两个人的距离也一下子拉近了许多，令曾国藩获得了很多提拔机会。据说，曾国藩高中翰林后，来穆府谢座师，礼毕，抬头的时候，他见座师的墙上挂了一幅中堂，古色古香的很像是一幅古字画。在大学士家里，刚刚入翰林的曾国藩不敢有丝毫的越轨举动，但是又禁不住那画的诱惑，告辞的时候，他终于鼓起勇气，请求好好看一看墙上的这幅画。穆彰阿看到眼前的这位学生竟跟自己有相同的嗜好，自然欣喜地同意了。曾国藩大着胆子走到墙边，这才看清这是一幅唐朝周昉的仕女图。从用笔用纸用绢看，都是唐时风格。曾国藩见过周昉的摆扇仕女图，而这幅却是鼓琴仕女图。曾国藩一路看过去，渐渐地便沉浸在这幅画当中，最后却在落款处发现是幅赝品！初时，穆彰阿大怒不已。因为穆彰阿是京师八旗子弟中鉴定古字画的高手，被人说走了眼当然生气，他质问曾国藩原因。曾国藩大着胆子指出整个画卷的落款有些疑问，像是明人伪作。穆彰阿认认真真地看后，发现确实如此，反而大喜，认为曾国藩很有学问，从此对他高看很多。

据野史记载，一次，朝廷传旨让曾国藩次日中午在养性殿等候召见。第二天上午，曾国藩在养性殿端坐一个多时辰，不见动静。正在纳闷之中，有人传旨说改在明天上午的养性殿见驾。曾国藩十分奇怪，便去请教他的座师穆彰阿。穆彰阿也思考良久，不明所以，于是用三百两银子，买通养性殿太监，让他将殿内四壁所挂字画内容全部抄录下来送至穆府。他对曾国藩说，养性殿是收藏字画的宫殿，从来不是皇帝见臣工之所，赶快将这些字画记熟，定有大用。果然，皇上召见曾国藩时问起以前在养性殿所见字画的情景，曾氏应对如流，深得皇上赏识，一下子连升四级。

有一次，正四品鸿胪寺卿穆同穆大人，也就是正一品大学士、曾国藩的座师穆彰阿的亲戚，来信对曾国藩说，穆彰阿有向皇上推荐放穆同任浙江副主考的意思。但穆彰阿同时让穆同给曾国藩递个话，能否让曾国藩见皇上的时候（曾国藩当时兼詹事府行走，定期给皇上和皇子们讲“四书五经”，这一时期曾国藩见皇上的次数相对多于其他的官员）再给美言两句。因为，穆同出身武将，是个对“四书五经”一窍不通的人。而历届乡试的副主考，均从翰林院和礼部选授。所以，穆彰阿想让曾国藩也帮衬一下穆同。这件事曾国藩答应是答应了，但却没有做，他也不敢做。因为官员私下串通、买官卖官，被皇帝知道了是要杀头的。但是，这一年穆同果然被道光帝钦授浙江乡试副主考。从这一件事中，曾国藩感觉出了座师穆彰阿在道光帝心目中的地位。连穆同这样的人竟然也能被外放出去协助主考组织一省的乡试，不是穆彰阿的作用，又会是哪个呢？于是，曾国藩此后对穆彰阿越发亲近了，而穆彰阿认为穆同能外放为官，曾国藩也出了力，此后也更重视他了。

这样一来，曾国藩仕途顺利了许多。一些看曾国藩不顺眼的人因碍于穆彰阿的金面，也不敢为难他了。

在京十多年间，曾国藩先后任翰林院庶吉士、侍读、侍读学士、文渊阁值阁事、内阁学士、稽查中书科事务、礼部侍郎、兵部侍郎、工部侍郎、刑部侍郎、吏部侍郎等职务，曾国藩就是沿着这样的仕途之道，步步升到二品官位。可见，大树底下好乘凉，站在巨人的肩膀上是成为新巨人的最快捷方式。

## 天高皇帝远，学会表忠心

1838 年，曾国藩中进士，从此以后官路亨通。对于出身农家、毫无背景的曾国藩来说，这一切都是来源于皇帝，因此，忠于皇权，这就成了曾国藩对上级的唯一标尺。皇帝是曾国藩坚实的靠山，只有向皇帝充分展示才华和忠心，才能够引起皇帝的重视，才会得到皇帝的鼎力相助，才会一步步走向成功。因此，就是这一个忠字，成就了曾国藩。

但是，曾国藩是一个很清醒的人，曾国藩的“忠”并不是“愚忠”。因而在处理君臣关系上，曾国藩认为忠者不必有超过别人的才智，竭尽自己的心思就可以了；殷勤不必有超过别人的精神，竭尽自己的力量就可以了；不用剖开心肝奉献给至尊的君主，忠诚就可以了。

曾国藩认为，古代称得上“忠勤”的贤人不乏其人，自己是妄有虚名。如果能出去担负艰巨的任务，应当励行忠勤二字，弥补自己的缺点与遗憾。“忠”应该积累在于年日，从不妄说开始；“勤”也应该年日积累，从不安逸开始。作为一个封建时代的朝臣，忠君思想是曾国藩约束自己思维方式和行为准则的重要方面，他不可能超越这一根本性的规范。但在遵从这一规范的前提下，他可以充分发挥自己的处世智慧。

曾国藩在为母丁忧期间，奉命出山办团练，历经千辛万苦，他领导的湘军一度为清政府立下了汗马功劳，但咸丰帝却长期不给曾国藩以实权，反而对其加以限制，使其“在外数年，吃亏受气实亦不少”。这个时候曾国藩表忠心就很有技巧。

1857 年 1 月，曾国藩在九江劳师后，上了《附陈近日军情请催各省协饷片》的奏折。奏折中的第一点，曾国藩反复强调李续宾、杨岳斌所统率的湘军水陆师，原本是自己的部队，因战事紧急，才增援湖北借调给胡林翼。现在不但湖北省城武昌已经收复，连蕲州、黄州沿江城市也已克复。曾国藩的言下之意，是要求清政府将李、杨统率的湘军水陆师拨还给自己节制调遣。奏折中的第二点，旨在显示他自己的旧部李续宾、李岳斌部水陆师的战功赫赫，为湘军增添荣耀。奏折中的第三点，强调李、杨所部水陆师力量的强大，借此抬高自己的地位。奏折的第四点，他不说李、杨所部水陆师属自己的湘军，而为李、扬水陆师请饷，无疑是以李、杨所部指挥者自居。曾国藩的请求自有他的道理。自从 1855 年 10 月曾国藩派遣罗泽南从江西前往武昌外围增援胡林翼后，太平军翼王石达开用兵江西，开辟了江西根据地，曾国藩的湘军一再受到沉重打击，不得不退守南昌。曾国藩孤守危城，日夕盼望骆秉章、胡林翼派兵前来，以解江西之急。尤其希望胡林翼能指挥湘、楚军，及早攻占武昌，然后水陆东下，与自己会师于浔阳江上。现在胡林翼终于占领武昌，攻占武昌的主力是湘军水陆师，其中李续宾统率的湘军，是胡林翼奏调去的；杨岳斌统率的水师，是曾国藩派去武昌外围增援胡林翼的。因此，曾国藩请政府将杨、李所部湘军水师拨还给自己。

最后，清政府采纳了曾国藩的建议，将李续宾、杨岳斌部水师拨还给了他。令曾国藩更为欣慰的是，由于胡林翼在湖北长期发展、扩编水陆师，使得湘军水陆师军容甚盛，兵力更加强大。在曾国藩给皇帝的奏折中，并没有正面要求朝廷归还部队，而是绕来绕去，处处表忠心，结果感动了皇帝，增强了实力。

曾国藩以谨慎、谦虚作为为官的原则，体现了他在那个时代的生存智慧。他时刻提醒自己，在顺利的时候，要考虑到自己将来终有不顺利的时候；在兴盛的时候，要考虑到终有衰落的时候。这使得他始终保持一种谨慎、清醒、冷静的状态，从而顺利渡过了宦海的风波，避免了历代将帅“飞鸟尽良弓藏”的命运。

1858 年底至第二年初，在和太平军的几次战斗中，清军取得了几次胜利。曾国藩率部已进驻安庆二十余里外的高桥，多隆阿军于 4 月进至桐城外围，李续宾军进驻桐城的青草塥，作为两路策应。正当湘军摆开阵势，进攻桐城、安庆时，清廷下旨，要求曾国藩领军东援江南大营，曾国藩心里极不愿意。曾国藩认为，“自古平江南之贼，必踞上游之势，建瓴而下，乃能成功”。根据战争必须以上游为立脚的根本的原则，攻取安庆是尤为关键的一战，“目前关系淮南之全局，将来即为克复金陵之根本”。江南大营正是因未踞上游而失败，如弃安庆不围而援苏常，那就既会蹈其覆辙，又会打乱皖北部署。

同时，他又根据当时的形势，进一步分析不能东援的理由：江南大营以苏常为根本，苏常已失，这个根本已不存在；湘军以两湖为根本，湘军东援，就远离根本，处于无可依托的困境；更为紧迫的是，太平军在东线获胜，夺取苏常后，势必西征，争夺上游。因此，必须“竭五六两月之力，办江楚三省之防”，以迎战西征的太平军。曾国藩认为朝廷要求东援，保浙复苏，在战略上是错误的。但是清廷催促很紧，4 月 19 日，任命曾国藩为两江总督，命令其增援苏常。在清廷看来，复苏保浙更重于攻取安庆，是战争全局的关键所在。

因为和朝廷有不同意见，曾国藩不愿意一开始就顶着不干，给朝廷留下不好的印象。曾国藩采取的方法是，在认识上多次上奏朝廷具体战况，照顾到朝廷的尊严，在部署时加以敷衍。这样，做到既不放弃原则，又不给清廷留下桀骜不驯的印象。不久，事实证实了这一方针的正确。围攻安庆，太平军并未北进；攻下苏常后，太平军又未及进攻浙江。在这种情况下，清廷也欣然听从曾国藩的安排部署。

同治三年七月，湘军最终攻下了金陵。曾国藩因此成了清朝最大的功臣，加太子太保衔，封一等侯爵。

官场上往往派系纷争，勾心斗角，要混迹其中，处理好与领导、上司的关系至关重要。对于领导布置的错误任务，最好的应对方法就是保全对方的面子，让事情往正确的方向发展。

## 龙有逆鳞，不要惹祸上身

龙是传说中的神物，当它温柔可爱的时候，人可以跟它亲昵游戏，甚至可以骑到它的背上去。但是龙的咽喉下面有两片逆鳞，如果有人在与龙嬉戏的时候不小心触碰到了这两片逆鳞，那么龙立刻就会翻脸。人与人的关系也一样，不去触及对方的“逆鳞”，那是你跟他交往的雷区，千万不要碰。

龙有逆鳞，人主也有逆鳞。曾国藩在咸丰元年至咸丰二年间，先后14次上奏折给皇帝，其中五道进言疏都是直接针对国计民生的。有谈人才培养三法的《应诏陈言疏》，有备陈民间三大疾苦的《备陈民间疾苦疏》，有规范货币体制的《平银价疏》，有议论兵事的《议汰兵疏》，更有敢冒风险直言皇帝三大流弊的《敬呈圣德三端预防流弊疏》。尤其是最后一折，引来皇帝龙颜大怒，并顿起杀机，幸得大臣相劝为之开脱才得以幸免。

曾国藩的这件折子表面上是以歌功颂德为主，顺带提醒皇帝要预防流弊。而从折子的内容来看，却正好反了过来，“圣德三端”只是一笔带过或者说是虚晃一枪，落脚点却在后面的“流弊”上。到底是哪三端圣德呢？其一为“敬慎之美德”：“臣每于祭祀侍仪之顷，仰瞻皇上对越肃雍，跬步必谨，而寻常莅事，亦推求精到，此敬慎之美德。”其二为“好古之美德”：“又闻皇上万几之暇，颐情典籍，游艺之末亦法前贤，此好古之美德也。”其三为“广大之美德”：“臣又闻皇上娱神淡远，恭己自怡，旷然若有天下而不与焉者，此广大之美德也。”

任何一个人都喜欢听好话，皇帝自然不例外。这是人性使然。如果单纯看曾国藩所说的这三德，皇帝岂有不欣喜之理，又何至于起杀机呢？难道这皇帝不想听阿谀奉承的话？非也！上面说过，此三德只不过是曾国藩虚晃一枪，为后面他要讲的预防流弊张目。接下来，他在每讲一圣德的下面，笔锋一转，便大谈流弊。与这三圣德相对应的恰恰就是三流弊。如在“敬慎之美德”

后，笔锋一转便成了“而辨之不早，其流弊为琐碎，是不可不预防”；在“好古之美德”后，一转而为“而辨之不细，其流弊徒尚文饰，亦不可不预防”；在“广大之美德”后，一转而成“然辨之不精，亦恐厌薄恒俗而长骄矜之气，尤不可以不防”。原来曾国藩所要讲的恰恰是“流弊”，直接指责当今皇帝，这真是胆大包天了。

所以，说话一定要讲究方法，对的并不一定能让人轻易接受。只有说得恰到好处，才能够很快地达到预期的效果。那些耿直的人，喜欢实话实说，直来直去，但他人往往很难接受，这样不仅会刺伤别人，也会损伤自己。

果然，咸丰帝还没有读完奏折，就将其愤怒地摔到了地上，立刻召见了军机大臣，要定他的罪。如果不是季芝昌等人苦苦为曾国藩求情，咸丰差一点便杀了他。

咸丰四年，咸丰帝得到湘军攻占武昌的奏报，一时忘乎所以，命曾国藩署理湖北巡抚。不料，某军机大臣一言触痛了他畏惧汉人的心病，又收回成命，再不肯将地方督抚大权授予这位湘军统帅，使他数年之间坐困江西，客军虚悬，受尽屈辱。曾国藩基于上述情绪，先是闻讣上奏而不待谕旨，径直弃军奔丧回籍；继而假满不回江西军营，竟伸手向清廷要江西巡抚之权，否则宁可在籍守制。不论曾国藩是何居心，此举皆有违臣道，引起了皇帝的不满。

咸丰十年，因英法联军逼近北京，清政府从各地调兵支援都城，命曾国藩派鲍超率领军队“兼程前进”，赶往北京。曾国藩、胡林翼两人既不愿因鲍超北上而影响安庆之役，更不愿得罪朝廷。然“勤王”事关大节，不可讨价还价，且清廷的命运与之息息相关，亦不能无动于衷。于是，他就往返磋商，定下了拖延时间的良策，以免招来朝廷不满。

经历了以上几次凶险之后，曾国藩对自己数年间的言行，进行了全面、深刻的反省，从此幡然醒悟，再不敢对皇帝的根本决策说长道短。因而咸丰十一年，慈禧、奕䜣发动宫廷政变，推翻赞襄制度，捕杀肃顺等赞襄大臣。肃顺被杀后，在他家里搜出私信一箱，里面唯独没有曾国藩的一个字，从而获得了慈禧的支持。1860 年，曾国藩加兵部尚书衔，授两江总督，以钦差大臣督办江南军务。从此，他不但拥有兵权，而且掌握地方大权。

很多人身上都有逆鳞存在。只要我们不触及对方的逆鳞，就不会惹祸上身。这里所谓的逆鳞就是我们所说的痛处，在人际关系的发展上，我们必须事先研究，找出对方逆鳞的所在位置，以免有所冒犯。虽说“良药苦口利于病，忠言逆耳利于行”，但在现实中，真正乐于听取逆耳忠言的人寥寥无几。在处世的时候，要注意尊重他人，即使是指责批评，也要加以包装和修饰，这样对方便容易接受。

## 柔中带刚，绵里藏针

细思曾国藩为官之道，可以发现他非常善于刚柔相济，一手团结战友，一手打击对手。人不可无柔，无柔则不亲和，不亲和就会陷入孤立，四面楚歌；人也不可无刚，无刚则不能自立，不能自立就不能自强，不能自强也就不能成就一番功业。

曾国藩认为凡成功一事，离不开朋友的相助。个人的力量是渺小的，一个能够成大事的人，必先懂得如何发挥团队的力量。所以曾国藩在京城之时，一是广交朋友，二是遍求名师。曾国藩在京为官时对远道千里从家乡湖南赶赴京城的读书人以礼相待，尽心资助，乐做善事，热心公益活动。当时京城流传一句话：“包送灵柩江岷樵，包做挽联曾涤生。”此话虽为调侃，但从中也看到曾国藩的用心。给人做挽联，说起来是大材小用，一般心气高的士人不屑为之。殊不知，对于那些家有丧事的人家看来，却是天大的人情，不能不铭记一生的。这些善举，为曾国藩在士子中获得较高的声望打下了基础。

曾国藩还说：“师友挟持，虽懦夫亦有立志。”曾国藩早年朋友之多，范围之广，在他出征十余年间尽行可知。

曾国藩拜理学大师倭仁为师。倭仁的声名并不好，但倭仁所教他“研几”之二字修身要诀，却成为曾国藩终身受用的法宝。

曾国藩还向同乡前辈唐鉴虚心请教，唐鉴指教他两点：一是读书之法，文章、义理、考据三学问中，义理为首；二是静字功夫。这对于后来曾国藩行军打仗起到了莫大的作用。唐鉴深受咸丰皇帝的信任，一月之内连续召见他十五次，征询治国之道。正是因为唐鉴向咸丰帝面荐曾国藩，朝廷才得以让丁忧在乡的曾国藩出山组建团练，经营湘军。而且唐鉴还为他说了不少好话，说曾国藩书生出身，一直在京城做官，不懂领兵打仗和管理百姓，所以一开始必定不太顺利，希望皇帝对他要有耐心，相信他今后一定会成功。这样，曾国藩在出师之初屡战屡败，而朝廷依然信任他，这和唐鉴是有关系的。

在战争年代，团结朋友的力量更是重要。因此，对于自己的同事或战友，曾国藩处处谨慎，尽力合作，尊重与自己地位相当的官员，以齐心协力应对危局。在论功行赏时，曾国藩也总是归功于谋士的筹划和将士的苦战，而没有一句话提及自己。曾国藩此举，赢得了众人的敬佩和支持，对湘军的发展发挥了极大的作用。

当时与湘军共同作战的部队，主要有胡林冀指挥的湖北绿营，袁甲三、张沛指挥的安徽绿营，都兴阿的八旗兵。曾国藩都尽量与他们保持友好的关系，特别是对胡林翼。胡林翼与曾国藩同被时人誉为“中兴名臣”，并称“曾胡”。

咸丰四年正月，时任贵州黎平知府的胡林翼奉旨率黔勇六百名赴援湖北，行至湖北金口附近的簰洲，湖广总督吴文镕兵败自杀，胡林翼只好改投湖北按察使唐树义，但唐树义亦兵溃自尽。胡林翼一时进退两难，当时正好曾国藩奉命北援武昌，还没有出省，胡林翼就向曾国藩求救。曾国藩非常看重胡林翼的才能，因此商请湖南巡抚骆秉章，为胡部解送饷械，札饬胡部留驻岳州，以便会合北上。自此，胡林翼便加入了湘系，两人精诚合作，成为了极好的朋友。胡林翼不仅与曾国藩随时协商军事部署，源源不断地提供饷银，还为曾国藩的复出和谋求地方实职一再上奏朝廷，对曾国藩的二次复出出了大力。

与此同时，曾国藩打击自己对手，也从不心软。即使是同一个营垒的人也是这样：若不合作，则严厉参劾，毫不讲情面。

咸丰三年六月，他特参与他对着干的长沙协副将清德。这份参劾奏折用词尖锐，比如“庸劣武员”，“操演之期，该将从不一至，在署偷闲”，“一切营务武备茫然不知，形同木偶”，“该将疲玩如此，何以督率士卒”。正折之后，又附一片，更揭发清德在太平军攻打长沙时，居然“自行摘去顶戴，藏匿民房”。对于这种临阵脱逃的将领，曾国藩建议朝廷“革职，解交刑部，从重治罪”。清德的仕途便从此了结。

咸丰五年六月，他又严参对他阳奉阴违的江西巡抚陈启迈。陈启迈与曾国藩是同乡、同年，还一起做过翰林，在京时彼此相处得不错。但曾国藩率湘军东征到江西时，陈启迈认为曾国藩干涉了他的统辖权力，不配合湘军作战。曾国藩忍无可忍，发了火，具折参了陈启迈。他在历数陈的桩桩劣迹之后，写下这样一段文字："臣与陈启迈同乡同年同官翰林，向无嫌隙，在京师时见其供职勤慎。自共事数月，观其颠倒错谬，迥改平日之常度，以致军务纷乱，物论沸腾，实非微臣意料之所及。臣既确有所见，深恐贻误大局，不敢不琐叙诸事，渎陈于圣主之前。"因此，朝廷立即派人审查，并将陈启迈革职。

曾国藩认为，身居官场，牵绊甚多，为官时执行公事，处理公务更需慎重。这表现在官场上就是"能刚能柔"。曾国藩认为，对朋友当柔，对对手当刚，只有刚柔相济，人才能无往而不胜。适度的柔并不是懦弱的表现，一味的刚也并非处世的道理。刚柔相济、有柔有刚，像弹簧一样能屈能伸，方显大丈夫风范。

## 平地也要如履冰，最需提防小人心

林子大了，什么鸟都有。身在官场，兢兢业业，为民谋福利，皇帝看不到倒还无所谓，最可恶的恐怕就是被小人的谗言所害。曾国藩的官场生涯也有过这种经历。

当初，清政府下令各地办团练，维护地方安宁。曾国藩在家守孝时抓住了这个机会，出山大办团练，并且在衡阳练兵时将团练规模大大地扩充了，还很有远见地建立了湘军水师，麾下水路大军近两万人。咸丰四年，湘军水陆两师联合，一举收复武昌、汉阳，曾国藩给朝廷报捷，咸丰帝看到曾国藩攻克武昌、汉阳的捷报后，高兴地说：“没想到曾国藩一介书生，能立下这样的功劳。”于是马上任命曾国藩为湖北巡抚。

这时，祁隽藻大学士悄悄向咸丰皇帝打了个小报告，说：“曾国藩在家守孝，轻轻松松地就能建立起上万人的军队，恐怕不是什么好事。”咸丰帝不是傻瓜，一句话，就让他猛然醒悟过来。咸丰帝听后，“黯然变色者久之”。于是再下圣旨，免去了曾国藩的巡抚职务。这个军机大臣的一番话打动了皇帝。

当时清朝皇帝最大的忌讳就是汉人有军队。曾国藩在家乡的威望就很高，若再授给大权恐对朝廷不利。这样一来，咸丰皇帝如何能放得下心，从此对曾国藩处处提防，多年不给升官！同治元年六月，已经升任两江总督的曾国藩又写信给曾国荃，表达了自己升官之后的惶惶之情：我侥幸居于高位，又有一点虚名，时时刻刻都有摔下来的忧虑。我观察古今人物，像有我这种名位权势的，能善终的很少，我很担心在全盛的时候，无法使弟弟等有所长进，我摔下来的时候，却要连累弟弟们。只有趁还没有事情时经常以危词苦语相劝诫，才差不多免于大祸吧。

湘军创建之初，满人塔齐布是湘军名义上的统帅。咸丰帝鉴于塔齐布陆军出身，不懂水师，还想调一个满人来控制水师。后来曾国藩的好友王闿运在《湘军志》中说：“文宗以国藩一人兼统水陆军，心忧之，特诏贵州提督布克慎自黄州还。赴其水营，诏总督台涌会其师。”只是满人台涌一时脱不了身，满人布克慎才没有来湘军水师，此一安排遂未果。王闿运写《湘军志》，用的是春秋笔法。一个“忧”字，语意丰富。其实咸丰帝心中的忧，主要还是害怕曾国藩军权过大，故欲调满人来分权。好在曾氏头脑清醒，采取了不少预防措施，方才化解了这次危机。

经过这次危机，曾国藩认识到宦海的险恶，在官一日，如在风波之中，能够平平安安地上岸的，实在不容易。

曾国藩所讲的宦海之途应当知道畏惧，是有特殊背景的。在封建官场中，权力是最敏感的，权力太大的人总是很难有好的下场，所以曾国藩才如此畏惧。曾国藩强调要有敬畏之心，就是提醒自己要始终保持一种清醒的状态。这一点，对于充满风险的封建官场来说，确实是非常重要的。

官场自古多小人当道。无数历史事实从反面给予了后人以深刻的借鉴。秦国大将军白起为范雎掣肘，三国时诸葛亮被黄皓所诽谤，南宋大将岳飞被秦桧杀害，等等，这些都是极好的经验教训。小人一旦得势，君子必定离去；如果是君子和小人竞相争斗，那样就会危及国家的根本了。例如：秦二世宠信赵高，视其为心腹之臣，结果受赵高蒙蔽，以致刘邦、项羽起兵造反，最后亡国；汉成帝听信谗言杀害忠臣王章，以致自己大权旁落；东汉灵帝杀戮忠良陈蕃、窦武，致使国势日衰，天下大乱都不知道；唐玄宗赶走张九龄，埋下了“安史之乱”的祸根，也是毫无觉察。

封建社会的官场中，任何时候都有因善于钻营、巴结奉承而受到重用的奸邪之人，这种人不把心思放在济国济民、建功立业上，而是挖空心思谋求个人私利，打击压制忠良贤士，以求抬高保全自己。曾国藩早早涉入官场，对那些结党营私、贪图享乐的庸俗官僚了如指掌，他既想做点利国利民的事，但也不想得罪他人，以免惹来闲言碎语。由于清王朝的统治阶层大多是旗人，他们对汉人有着强烈的排斥与挤压，这使得曾国藩愈加小心翼翼，深思远虑，以免出现差错。

曾国藩详细总结历代为官经验，认为为官有四大忌，即“四败”。他说：“居官有四败：昏惰任下者败，傲狠妄为者败，贪鄙无忌者败，反复多诈者败。”曾国藩把这“四败”写在案头上，每天都提醒自己。权力是一把双刃剑，它能给你带来荣耀，也能给你带来毁灭。每一个人，都应该时时刻刻提醒自己，保持清醒的头脑。

对付小人，既要有一定的原则，还要有一定的策略和技巧。首先要居安思危，勤于自检，让小人无机可乘；其次是处乱不惊，从容镇定，能以不变应万变；再者是胸有成竹，进退自如，进则必胜，一剑封喉，退则能忍，海阔天空。

# 第十章 ｜ 龙蛇屈伸，机遇留给有准备的人

曾国藩能在乱世中崛起并名扬天下，最重要的原因就是因为他懂得借水生势、水涨船高，在太平天国暴动的危难之际，乘势而起，这是时代赋予他的大好时势和机遇。一个人要想功成名就，其实只要抓住一次大的机遇就可以了，曾国藩就是运用“龙蛇屈伸”之法，抓住这个机会，从而使自己成为晚清乱世的一代枭雄！

## 水涨船高，借水生势

鸦片战争后，巨额的战争赔款，清朝全以捐税形式转嫁到普通民众身上。加上鸦片和外国商品的大量输入，使中国农村出现大批游民饥民，引起人民多次发动起义。曾国藩当时在京城，作为朝廷高官，时刻关注着国家形势的发展。

1851 年 1 月 11 日，洪秀全在广西桂平县金田村发动起义，建号太平天国。太平军起义后不久，在武宣县东乡，洪秀全正式“登极”，称天王，建立军师和五军主将制。9 月，太平军攻占了永安（今蒙山）州。太平军在这里封王建制，以杨秀清为东王、

萧朝贵为西王、冯云山为南王、韦昌辉为北王、石达开为翼王，又以东王节制诸王，太平天国中央政权初步建立。

太平军起义的消息传到京城后，朝廷一片慌乱。但曾国藩对此并不感到意外，因为他对当时的情况早有了解。从 1842 年到 1851 年，十年期间，曾国藩一直在京城关注时势，了解社会状况，还不时地与老师和朋友通信，交换对时局的看法和见解，增进了对严酷现实的了解，坚定了他匡时救世、寻求治世良方的抱负和决心。从鸦片战争到太平天国起义爆发的这十年间，全国各地人民群众的反抗和斗争此起彼伏、风起云涌，清政府的统治正逐步向着风雨飘摇的态势滑落。

对此，曾国藩忧心忡忡。他敏锐地洞察到了清朝政治的腐败和官吏的通弊，是造成时局紊乱的主要原因，所以在咸丰皇帝上台之初，就连上奏折，陈说利弊，希望能够劝说咸丰皇帝采取措施，革除弊政，从政治上进行一番大整顿。

咸丰皇帝继位之初，曾国藩以独特的眼光对当时局势进行了分析，上疏向皇帝陈述了民间三大疾苦：一曰银价太高，钱粮难纳。江浙一带的钱粮之重，为全国之最。银价之倍增，官吏之浮收，差役之滥刑，民不聊生；二是盗贼横行，老百姓无安枕之日；三是冤狱太多，民气难伸。贪官污吏横行，吏治混乱，打官司使不少百姓破产。即使是小案件，也是一拖再拖，要么颠倒黑白，正义无法伸张，导致民怨沸腾。

应该说，作为一个站在清政府立场上的侍郎，他所说的这三大民间疾苦是真实的，反映了当时的民意。当时清政府内部腐败，民不聊生。这是太平军起义的大背景。清朝自好大喜功的乾隆以后，危机一天比一天深重，到道光年间，更成腐朽崩溃之势。以盐税为例，就可以表明当时民间生活的艰难。光绪之前，每斗盐收盐税八文；光绪元年，收二百四十文；光绪五年，收四百八十文；光绪十五年收七百二十文；光绪二十年收九百六十文。随着这盐税数字的水涨船高，百姓的生活自然越来越差。这时，民生凋敝，再加上天灾频发，百姓生活在水深火热之中。

在这种情况下，曾国藩认识到，当时社会动乱的根源是“民间疾苦”太甚。同时，曾国藩认为这个时候的官场因循守旧、刻板固执、风气败坏。曾国藩主张改变这些不好的现象，同时还毫不避讳地批评皇帝。当时咸丰帝见了这篇奏疏，气得一掷于地，下令重加惩治。幸亏众人求情，曾国藩才得到咸丰皇帝的宽恕，没有受到责罚。曾国藩的犯颜直谏，虽然惹得咸丰皇帝大怒，自己也差点掉了脑袋，但最终是有惊无险，而且这件事情使曾国藩声名鹊起，从默默无闻到一举成名，他给朝野上下留下了深刻的印象。

事后，咸丰皇帝在经过一番深思熟虑后，了解到曾国藩的忠心耿耿和良苦用心，被曾国藩的忠君爱国的诚意所感动，不仅没有治他的罪，反而降旨褒奖他敢说真话，并任命曾国藩兼任刑部侍郎。

这时恰逢曾国藩母亲去世，对注重孝道的曾国藩来说，他必须回籍奔丧。这次回家后，太平军的步步紧逼，给清廷造成的危机和压力越来越大，这为曾国藩的复出和以后的辉煌开启了一个新的机遇！太平军暴动，其实就是当时最大的时势，曾国藩其实正是有意无意地借助这种大势，随着水涨船高，渐渐形成了自己的兵权和势力！

## 成大事者要有务实态度

咸丰二年年底，一个突发事件改变了曾国藩的一生，这便是起义的太平军冲出广西，向南方各省进军，一时间东南各省陷入战乱之中。为了配合正规部队的作战，朝廷连忙在东南各省任命了四十三位团练大臣。曾国藩便是其中之一，负责组建湖南地方的团练事宜。

按儒家的礼制，无论官做得多大，必须尽孝道，为父母守丧三年。在此期间，朝廷要开去官缺，但仍享有原官品级的待遇，服丧期满，再到中央重新任职。因此，当湖南巡抚张亮基请曾国藩出山时，他以母丧期间不宜办公事为由，委婉拒绝。当咸丰帝下诏给他时，他也三缄其口。但儒家礼法也有变通的办法，即当确实需要时，为官者可以不必等到守丧期满就去任职，这被称为“夺情”。

然而，世事难料，风云突变。不久武昌失守，湖北巡抚常大淳殉职，张亮基派专人来函告知，并再次请求曾国藩出山。好友郭嵩焘为此专程来湘乡，劝说他出山保卫家乡。

在这些因素的影响下，曾国藩不得不出山了。因为若再不接旨，对朝廷和父老乡亲都无法交代。于是，曾国藩被“夺情”出山，由家乡启程到长沙，正式做起团练大臣来。

曾国藩办事讲究条理，是一个十分务实的人。事后我们来看曾国藩出山的过程，除了忠孝不能两全的矛盾外，还有个原因：当时办团练是让地方乡绅自筹粮饷，而曾国藩平素所交之人，大多为贫寒之家，而没银子就招不到人。因此，当士绅名流及巡抚大员一再请他出山时，他最初均拒绝了。

曾国藩曾写信给他的好友刘蓉，解释迟迟不做团练大臣的原因：一是自己在守孝，二是因为没钱。此后，曾国藩又给他的内兄欧阳秉铨写去一信，请他前往京师，帮忙将家眷接回湘乡。他表示，自己在家服丧仅满四个月，家中诸事尚未料理，此时若立即出山办理官事，则有不孝之罪。

不鸣则已，一鸣惊人。曾国藩对出山办团练的困难考虑得十分细致具体。后来朝廷的四十三个团练大臣，几乎都没有办成什么事，唯一一个成就大业的就是曾国藩。这也与曾国藩的务实态度有关。

不过，曾国藩办团练的事情并不是一帆风顺的。由于曾国藩最初出山办团练，是以丁忧侍郎的身份来做团练大臣的。他这个“官”是虚职；同时，曾国藩在家乡守丧，因而又有了乡绅的身份，但他这个乡绅的身份也是虚的，因为他服丧期满后要官复原职。就此而言，曾国藩的“亦官亦绅”都是虚衔，因此，他经常谈起“非官非绅，办事不灵”。

曾国藩在长沙初练湘军的时候，处于一种非官非绅的地位，可实际上却干着官和绅的事情，这样就必然要侵犯到他人的权益。再加上开始他根本不知道迁就别人，也使得别人很难与之合作。

起初，湖南巡抚张亮基是信任他的，又有左宗棠在中间沟通，所以矛盾还没有显露出来。不久，张亮基调署湖广总督，左宗棠也跟着离开了长沙，由潘铎署理湖南巡抚，曾国藩与长沙官场之间的矛盾便公开化了。因此，曾国藩早期办团练的时候，常说自己是“非官非绅，办事不灵”。对此，他的谋士刘蓉却说，“我看这句话要倒过来说，应该是‘亦官亦绅，办事必成’。侍郎公曾经有为官的身份，在朝廷上的影响绝不是一般人所能达到的。而侍郎公如此体贴民情，与我们这些书生能打成一片，也不是一般当官的人所能做到的。现在这支上万人的队伍，主要还得靠侍郎公。”

曾国藩听了这话大受启发，感悟到自己的身份也有其特定的优势，应该想方设法发挥这种优势。于是，曾国藩一方面以

“官”的身份，打通官场，以博得当地官员的好感及支持。例如，他跟比自己小二级的衡州知府以“兄”相称。衡州知府陆传应在曾国藩到来之前已有巡抚的札文，照例开城相迎。知府官位仅是从四品，比曾国藩的二品大员低了二级，但曾国藩并不以高压下，照样以“兄”相称，给陆知府的印象颇佳，获得了陆知府的大力支持。

另一方面，曾国藩还利用他的名声和“乡绅”的身份，广招湖南的英才贤士，并通过各种方式结交地方乡绅，解决了当时急需解决的“军饷”问题，终于开始了练兵之路。

## 能进能退，适时低头

清朝的所谓团练，就是后来的民兵，结队编团，定时训练，无事则拿锄头做农活，有事则拿刀枪作战。这种组织在各县乡都有。各省团练大臣都沿旧例，只是局限在县、乡一带办团练。曾国藩初办团练时可以说是白手起家。他所拥有的无非就是二品侍郎的空衔，以及当年在京城里开创出来的人脉。但曾国藩非常有远见地把团练当军队来训练。他一到长沙做团练大臣，便上奏请求在省城建一大团，将湘乡一千人马调进省城，分为三个营，将这三个营派遣到各地镇压匪乱，维持秩序。这个大团虽不是正规军，但它一天到晚练兵打仗，住在营房，实际上已经是军队了。

曾国藩在筹办团练之初，历经了种种坎坷。按照清政府的军事制度，一省最高军事长官是提督，负责统帅当地的绿营兵。绿营兵主要是清军入关后收编的明朝降军和各省改编的队伍，用绿色军旗，故称绿旗兵或绿营兵。当时的湖南提督鲍起豹贪财好色，腐败无能，指挥绿营兵和湘勇的任务便落到了曾国藩及刚提拔的中军参将塔齐布身上，湘勇和绿营兵开始在一起训练。

曾国藩对于训练要求十分严格，无论是风雨交加，还是烈日当空，训练始终不停。这样的训练，对于来自田间从事农事的湘勇而言，并不以为太苦，但是对于长期好吃懒做的绿营兵来说，无异是一种“酷刑”。这些绿营兵平日只知喝酒、赌钱、抽鸦片，哪里经受得住高强度的训练，他们强烈反对这样训练，于是冲突便出现了。

先是副将德清拒不到操，以将官不能由文官领导为由，纵容士兵反对曾国藩的指挥，根本没有把曾国藩和塔齐布放在眼里。接着，提督鲍起豹也和德清联合起来，与塔齐布为难，他们公然对士兵宣传:“大热天还要出操，这不明摆着跟将士们过不去吗?”激发了绿营兵对曾、塔两人的仇恨。

同时，由于绿营兵的战斗力差，受湘勇轻视，而湘勇由各地乡绅提供军饷，他们的月饷比绿营兵高出很多，绿营兵对此感到不满，两支部队的摩擦越积越大，加上鲍起豹等人的挑拨，两方积怨颇深，常常发生械斗。

起初，曾国藩只将参与械斗的湘勇加以棍责，严行约束；对于绿营兵，则由提督鲍起豹等处置。这么一来，在提督鲍起豹和德清的支持下，绿营兵的气焰更盛，开始公然凌辱殴打团练兵勇。曾国藩要求鲍起豹按军法整饬绿营兵时，鲍起豹又公然置之不理，这样下来绿营兵的胆子就更大了。他们首先拿塔齐布泄愤。他们说塔齐布炎夏练兵，虐待兵丁，禁止他参与会操，中止日常训练。

一天深夜，在鲍起豹的鼓动下，绿营兵大队人马鸣号击鼓，手执兵器，包围参将府，要杀掉平时练兵严厉的塔齐布。塔齐布慌不择路，躲在菜园旁边的草丛里，才逃过一命。绿营兵找不到塔齐布，放火烧了参将府，又一窝蜂拥到团练大臣曾国藩的官邸，扬言要杀曾国藩。曾国藩被迫连夜去求见巡抚骆秉章，后来由他出面才结束了这次兵乱。事后巡抚骆秉章却敷衍塞责，没有查办绿营兵的兵乱，使曾国藩的名声更加狼狈不堪。

这样一来，曾国藩所统率的湘勇日子就更难过了，进出城门要受盘查斥骂。在街头，公然受到侮辱，有时甚至拳打脚踢。有人劝告曾国藩参奏鲍起豹等人，曾国藩托词道："做臣子的，不能为国家平乱，反以琐屑小事使君父烦心，实在惭愧得很。"其实这事背面的原因是湖南文武官场都不把曾国藩看在眼里，因为此时的曾国藩，只是一个在籍侍郎，并没有实权。

多年后，曾国藩曾对人说，他当时在长沙所受到的待遇是别人的"白眼相看"。在这种情况下，曾国藩很明智，没有直接与长沙官场文武论道理，而是选择离开长沙去衡阳。这是曾国藩所奉行的能进能退、适时低头的处世之道的体现。

风一吹便低俯的草，其实是饱经风霜、通过无数次考验的坚韧的草。人生何尝不是如此？低头弯腰，才能保护自己，强硬只能招来更大的损失。在与太平军斗争的过程中，曾国藩最大的困难不是对手的强大，而是清政府内部派系的矛盾冲突。湘军本身不受清廷重视，加上财政上的困难，曾国藩在创立湘军的过程中，经受了来自各方面的挫折和打击，这些是常人所无法想象的。在这样困难的境遇下他能够立足，主要是他奉行了息事宁人、委曲求全的处世哲学。

现实生活中，很多人都会碰到不尽如人意的事情。这时候，你必须面对现实。敢于碰硬，不失为男人的一种壮举。可是，胳膊拧不过大腿，硬要拿着鸡蛋去与石头碰，只能是无谓的牺牲。

这个时候，就需要用另一种方法去应对，那就是适时低头。

## 自创局面，打造湘军一脉

曾国藩在长沙的遭遇，伤透了他的心，也刺激了他的权力欲望。他认为，光靠绿营的力量，是对付不了太平军的。只有“别树一帜，改弦更张”，纯靠湘军的力量，不掺杂成事不足、败事有余的绿营，才能打败太平军。但清政府只是叫大家办团练，也就是办民兵，将地方维持好，但不让地方建军队。皇帝是满人，他最大的忌讳就是汉人有军队。不过，曾国藩还是通过种种手段，把团练当作军队来训练。与绿营发生冲突后，曾国藩干脆跑到衡阳去训练兵勇。

湘军驻扎衡阳，也有军事上的需要：衡阳是历代交通要道、兵家必争之地，湘军驻扎在这里，正好掐断了太平军发源地广西与湖北前线的联系。衡阳知府巴不得湘军移驻到他的辖地。他知道，湘军是块硬骨头，太平军不会轻易来啃它，衡阳也就可保平安。乱世之中，一个知府保住了城池，就等于保住了性命和顶戴。他的身家和仕途升迁，都与这位钦差帮办团练大臣休戚相关。于是，他把修城墙的银子挪过来，交给曾国藩用于训练湘军。但是，曾国藩在衡阳，仍然有许多不如意。最大的难处在于兵力匮乏。当时江忠源的部队大部分随张亮基迁往湖北了，曾国藩手头所余不足千人。他知道，如果不扩军，湘军以如此微薄的军力，是成不了气候的。曾国藩决定扩充兵员，初步设想是把团练扩大为十营五千人，其后又练水师，水陆两支人马一万人，加上挑夫及辅助人员，人马达一万八千人。湘军便是这样一步步壮大的。

曾国藩的湘军主要包括楚勇和湘勇。楚勇是湘军中办得最早的团练，江忠源是首任头领。江忠源，字岷樵，湖南新宁人。江忠源中举人后赴京参加会试，名落孙山后便客居京师，广交贤士大夫，后又拜曾国藩为师。咸丰元年（1851年），太平天国起义爆发，江忠源闻讯，在家乡招募五百壮丁，赴广西作战，解桂林之围后，升知府。他带的队伍号称“楚勇”。楚勇虽早于湘军，但最终还是归曾国藩统帅，隶属于湘军。湘勇晚于楚勇，它最早的头领是罗泽南等人。1851年太平军在广西起义，清廷命各地办理团练事宜。湖南积极响应清政府旨令，很多县开始办团练。湘乡绅士罗泽南、王鑫、刘蓉等人开始在湘乡招募团丁。1852年，太平军进军湖南，为了加强省城防御，巡抚张亮基檄调罗泽南、王鑫等领所练湘乡勇丁千余至省城，与曾国藩一起办理湖南团防。1853年2月，湖南巡抚张亮基调任湖广总督，离湘赴鄂，江忠源随行。留在长沙的楚勇，其后全归曾国藩统领。曾国藩逐渐成为湘军的最高统帅。

曾国藩在朝廷时强调湘军光有陆军不行，过了岳阳，就是洞庭湖和长江。如果没有水师配合，恐怕连太平军的影子也见不到。咸丰皇帝早就担心长江之上没有水师抗衡太平军，见了这个奏本，龙颜大悦，立即称赞曾国藩很有见地。于是，曾国藩抓住机会又组建了湘军水师。

曾国藩初建湘军时非常注意对勇丁进行两方面的训练，一是政治思想方面的教育，一是军事方面的训练。作为将帅的行为准则，曾国藩提出了“勤恕廉明”四字，即“勤以治事，恕以待人，廉以服众，明以应务”。鉴于湘军中普遍存在的骄矜之气，他对诸将帅还以“谨慎”二字相勉。他谆谆告诫部属，务必守个

“谦”字“慎”字，戒骄戒惰，从而避免打败仗，招灾祸。

另外，曾国藩又强调了军队要“爱民”，对百姓以礼相待。他声称“爱民为治兵第一要义，须日日三令五申，视为性命根本之事”,“做官以不要钱为本，行军以不扰民为本”。

从曾国藩治军的实际情况来看，这些准则在湘军中，的确收到了预期的效果。

曾国藩认为，兵不在多而在于精，主张军政分理，各负其责。他购买洋枪、洋炮、洋船，推进了中国军队武器的近代化。

湘军在曾国藩的精心策划、指挥和训练下，仅用一年多的时间就完成了最初的组建，不但有了精锐可用的陆师，而且还拥有了战斗力颇强的水师。

1854 年 2 月，曾国藩在衡阳训练湘军结束，正式出省作战。这时湘军有陆师十三营、水师十营，约一万七千余人，初步形成了一支劲旅。

## 师出有名，大胆作为

曾国藩领兵讲究师出有名，认为打仗有个很好的理由才能称为正义之师，并经常以此提升士气。

曾国藩高举孔教大旗，大骂太平天国为“洋妖教”，以保卫“名教（孔教）”为号，竭力镇压太平天国。曾国藩在《讨粤匪檄》指出：自唐虞三代以来，历世圣人，扶持名教，敦叙人伦，君臣父子，上下尊卑，秩然如冠履之不可倒置。粤匪窃外夷之绪，崇天主之教，自其伪君伪相，下逮兵卒贱役，皆以兄弟称之，谓惟天可称父，此外凡民之父，皆兄弟也；凡民之母，皆姊也。尽不能自耕以纳赋，而谓田皆天王之田；商不能自贾以取息，而谓货皆天王之货；士不能诵孔子之经，而别有所谓耶稣之说，《新约》之书；举中国数千年礼仪人伦，《诗》《书》典则，一旦扫地荡荆，此岂独我大清之变，乃开辟以来名教之奇变，我孔子、孟子之所痛哭于九原，凡读书识字者，又乌可袖手安坐，不思一为之所也。

在这篇檄文里，曾国藩攻击太平天国农民战争"荼毒生灵"，"举中国数千年礼义人伦《诗》《书》典则，一旦扫地荡尽，此岂独我大清之变，乃开辟以来名教之奇变，我孔子、孟子之所痛哭于九原"，接着号召"凡读书识字者，又乌可袖手安坐，不思一为之所也"。因为当时土豪乡绅都是孔教的信徒，因而，曾国藩以保卫名教作号召，动员士大夫阶层和"乡野老实之人"参军作战，获得了广泛支持。

他在组建湘军时，其捍卫封建礼教的建军宗旨，就在他出师衡阳时发布的《讨粤匪檄》一文中表达得异常明确。曾国藩十分了解中国士大夫乃至一般民众的特殊文化心态，针对太平天国独尊上帝的口号大做文章，提出了要维护名教。他说自唐虞三代以来，上下尊卑，秩然如冠履之不可倒置，而太平军之所为，"举中国数千年礼仪人伦《诗》《书》典则一旦扫地荡尽，此岂独吾大清之变，乃开辟以来名教之奇变"。他以此来号召那些受封建礼教熏染的士大夫们或从军，或参战，或出钱出力，支助湘军，"以卫吾道"。曾国藩的动员令，确实起到了显著的效果。一时间，那些受封建传统观念熏陶的学人士子都自觉或不自觉地汇集在曾国藩的旗帜下，形成了一股强大的力量。

曾国藩提倡忠君卫道、以儒家学说治军的这一宗旨还贯彻在选将、募兵、军队管理，以及协调军内外关系等方方面面。比如，曾国藩说过:“行军之道，择将为先。”他的选将标准是德才兼备，智勇双全，且把德放在首位，并把德的内涵概括为“忠义血性”。他提出,“带勇之人，该求我党血性男子，有忠义之气而兼娴韬铃之秘者，与之共谋”。又说:“带勇之人，第一要才堪治民，第二要不怕死，第三要不计名利，第四要耐受辛苦……大抵有忠义血性，则相从以俱至，无忠义血性，则貌似四者，终不可恃。”曾国藩认为,“忠义血性”的将领主要应从既受封建礼教熏陶又少官场恶习的儒生士子中去选择。据统计，湘军中凡姓名、籍贯、出身、职务可查的湘军将领一百七十九人中，儒生出身的一百零四人，占半数以上。以如此众多的儒生为将，这在历代军事史上都是罕见的。

此外，曾国藩训练湘军时特别重视儒教精神。曾国藩对军队的训练，主要是以三纲五常为核心的思想教育和军纪教育，称之为“训家规”。他宣称“用恩莫如用仁，用威莫如用礼”。每逢三、八操演日，他必亲自下校杨,“反复开设至千百语”,“每次与诸办兵讲说至一时数刻之久，虽不敢云说法点顽石之头，亦诚欲以苦口滴杜鹃之血”，用以激励士兵。湘勇兵营几乎成了一个大学校，以“四书”为课本,“常教士卒作字读书，书声朗朗，如家塾然”。又时以义理反复训谕，若慈父之训其爱子，听者潸然泪下。有这样的思想教育作铺垫，就容易形成一种“礼长尊上”、“明等辨威”的风气。

所以，人们认为湘军是一支儒教色彩很浓的军队，是一支保护百姓的军队。这样的军队，再加上升官发财的激励，自然就胜多败少、一往无前了。曾国藩就是这样高举道义的大旗，获得了清朝各界最广泛的支持。

道义是一种社会意识形态，是做人的约束和规范。曾国藩高举着他所坚持的道义旗帜取得了巨大成功。湘军从此以一支劲旅登上了历史舞台，开始了与太平军十多年的征战。

## 潜龙在渊，待机而动

好的准备是成功的一半！曾国藩在写给朋友的信中说："剑戟不利不可以断割，毛羽不丰不可以高飞。"曾国藩这种处事从全局考虑、从长远考虑的方法，值得后人借鉴。自古以来不谋万世者，不足以谋一时。领兵作战要谋划长远，准备充分才能取得胜利。曾国藩在作战方面就是如此。

曾国藩早年悉心研究《易经》。《易经》乾卦中的"潜龙在渊"，就是指君子要待时而动，要善于保护自己，不要轻举妄动。曾国藩深知其中的道理，凡事没有一定的把握，就不轻举妄动。

曾国藩到衡阳练湘军时，预备扩练团勇一万人，他把这个计划告诉了好友江忠源。江忠源不知道事情的利害关系，马上向皇上报喜，结果曾国藩兵马不整、枪炮未齐就被咸丰皇帝督促征战。第一次征调是在1853年，太平天国西征军进攻蕲、黄一带，武汉告急，清政府急令曾国藩率军增援湖北，曾国藩先是推脱，结果清廷接连下令催促；第二次是太平军大将胡以晃进攻庐州，清廷下令曾国藩率兵速赴安徽救援；第三次是太平军成功偷袭清军黄州大营，清廷再次催促曾国藩赴援武汉。

任何事情只有做好了准备，行动才会顺利。因此，曾国藩提倡不打无准备之仗。面对皇帝的圣旨，曾国藩思虑再三，抗旨未动。他认为湘军初创，人员不足，没有一点实战经验，如果与太平天国的得胜之师对抗，简直是飞蛾扑火，自取灭亡。因此，曾国藩为保护初创的军队，一直拖延着执行着皇帝的命令，抗拒发兵支援各地的清军。

1853年太平军西征湖北告急，曾国藩的老师吴文镕写信向他求援，皇上也下圣旨令他救援，曾国藩坚持按兵不动。不久，太平军猛攻湖北，吴文镕多次发信请求支援均被其拒绝，曾国藩写信给老师吴文镕，在信中反复强调草草发兵的危害，并请求老师一定谅解。吴文镕为人正直，能顾全大局，面对这种情况，没有对学生大加责难。吴文镕在给曾国藩的信中写道："我今为人所逼，以一死报国，无复他望。君所练水师各军，必等稍有把握，然后可以出而应敌，不要因为我的缘故，轻率东下，东南大局，完全依仗君一人，务以持重为意，倘若你有不测之险，恐怕连后来的继承人都找不到了。我虽然是老师，牵涉国家的分量还是不如你重要。希望三思。"不久，太平军攻破城池，吴文镕不愿弃城逃命，殉城自杀，曾国藩闻讯后悲痛不已。过了不久，太平军发兵庐州，庐州守将江忠源重病在身，地方官吏又不听调度，致使延误军机，江忠源身陷险境，也派人向曾国藩求援。曾国藩在部下的求情下，坚持不让水师出征，只派一千新勇由陆路赴援，结果为时已晚，城破被太平军攻破，江忠源不愿弃城而逃，跳江自杀。

曾国藩一再抗旨，拒绝出兵，也没有顾念师友的私人情谊。面对曾国藩屡次抗旨，推脱不愿参战，许多人说他铁石心肠，连皇帝也不满了。曾国藩在上皇帝的奏折中写道："事势所在，关系至重，有不能草草一出者。"咸丰皇帝阅后深感不悦，用讽刺的口吻在奏折上批道："今览你的奏章，简直以为数省军务一身承当，试问汝之才力能乎，否乎！平日矜诩自夸，以为天下人才没有超过自己的，及至临事果能尽符其言甚好，若稍涉张皇，岂不贻笑于天下！”从这里可以看出在皇帝眼里曾国藩不过是个无知而又自夸的书生。因此，咸丰皇帝再次催促曾国藩赶紧增援，并下旨说：“你能自担重任，当然不能与畏葸者比，言既出于你口，必须尽如所言，办与朕看。”

曾国藩接到圣旨，仍抗旨不行事。他又上奏折，在奏折中诚恳、坦荡地说道：“臣自知才智浅薄，唯有愚诚不敢避死而已，至于成败利钝，一无可恃。皇上如果责臣以成效，则臣惶悚无地，与其将来毫无功绩受大言欺君之罪，不如此时据实陈明受畏葸不前之罪。”并进一步诉说：“臣不娴习武事，既不能在籍服丧守孝贻讥于士林，又复以大言偾事贻笑于天下，臣亦何颜自立于天地之间乎！每到夜间焦思愁闷，只有痛苦而已。为臣请皇上垂鉴，怜臣之进退两难，诫臣以敬慎，不遽责臣以成效。臣自当殚尽血诚，断不敢妄自矜诩，亦不敢稍涉退缩。”

咸丰看过奏折，被曾国藩一片言语所感动，此后再未催促他增援各省，并安慰他说：“成败利钝固不可逆睹，然汝之心可质天日，非独朕知。”曾国藩“闻命感激，至于泣下”，从此更是忠心，同时加快了练军的步伐。

做事情准备得越充分、越细致，结果往往就会越好。曾国藩认为太平军兵多将广，善于打战，尤其是水战。如果没有一支强有力的部队，轻易不敢与他们抗衡，因此，曾国藩决心不惜重金装备军队。

与太平军作战，首先是在水上，因此，必须要有一支习惯水上作战的部队，曾国藩决心创建水师。筹建水师需要大批资金，为解决这一问题，曾国藩奏请提取途经湖南解往江南大营的粤饷银四万两，用作购船造炮的经费，接着又从广西购得造船的上等木材。曾国藩在衡阳设立制造总厂，由成明标任监督；又在湘潭设立分厂，由褚汝航任监督。他召集大批能工巧匠，日夜赶制船只，主要是拖罟、快蟹、长龙三种船型。曾国藩还不惜花费重金，从广东购置大批洋炮，提高水师船只的战斗力。

曾国藩的备战思想，为自己赢得了充足的时间，为今后的胜利打下了基础。咸丰四年年初，曾国藩将湘军水师船炮准备齐整后，方才开始浩浩荡荡地出征太平军！事后证明，曾国藩的水师在镇压太平军的战争中起到关键性作用。

# 第十一章 ｜ 流血的仕途：官场就是战场

曾国藩的成功之路，其艰辛不可想象，他以文官的身份领兵，吃过很多败仗，有几次差点自杀，且当时官场人士排挤他，朝廷不信任他，家庭内部也是多事之秋，但是他最终“屡败屡战”，他会忍耐、会坚持、会等待、会避让，最终成为了晚清最了不起的政治人物！事实上，这个政治人物的成功历程中富含了极其深刻的人生哲理！

## 流血的仕途，为官者都有一段辛酸史

人生的道路不是一帆风顺的，从古至今，没有哪一个人能不经历挫折和失败。相反，人们正是在不断地认识挫折、战胜挫折的过程中成长和发展起来的。可以说，挫折是人生的一笔宝贵的财富。

曾国藩在衡阳练兵时，太平军占据了皖北和皖南大片富饶地区，作为西征军的根据地，这是天京西部屏障和主要的粮食来源。负责西征的翼王石达开占领汉口、汉阳、武昌等地，并分兵进取湖南，连克岳州、湘阴、长沙北部的靖港等地，太平军形势一片大好。正在这时，翼王石达开被调回天京，同一时期，曾国藩则奉命率师出征太平军。

1854年，曾国藩发布《讨粤匪檄》，命褚汝航为水师总统、塔齐布为陆军先锋援救湘潭。他率大军北上，兵临靖港。扼湘江逆上长沙之要冲的靖港，早在唐代就是兵家必争之地。现在从靖港到长沙，只要一小时的车程，在古代，正好是船只朝发夕至的时间。所以，太平军占据靖港，长沙已是岌岌可危。

情势危急，曾国藩私自改变军事计划，亲自率领水师战船四十只，陆师八百人于四月初二进攻靖港。中午，船队逼近太平军军营，一切都很顺利。可是，湘军脚未立稳，部署未定，江面上忽然刮起一阵猛烈的南风。那天水流很急，船队顺流行驶，在劲风推动下，炮船直逼太平军军营。太平军开炮轰击，射向湘军水师。炮船想要撤退，却因逆水逆风而无法上行，只好把缆绳套在岸上，才使战船不至于冲到太平军的军营里挨打。

太平军派出小队人马砍断缆绳，湘军水师乱成一团。大多数战船中炮起火。正在湘军慌乱之时，太平军划出两百多艘小舢板，环绕湘军战船四周，对湘军火烧枪击；太平军又乘风纵火，大败湘军水师，焚其战船。湘军水勇纷纷弃船逃跑。

曾国藩见水师不利，便以团练为前锋，亲率陆师进攻。刚过浮桥，太平军便出营迎战。团练是未经严格训练的部队，勉强可以守碉堡、护城墙，但执抢互射、挥刀对砍，实非所长。他们遇见太平军便转身就逃，兵败如山倒。看见团练逃回来，湘军士兵也竞相逃亡，争抢浮桥渡河。浮桥桥面是用门板和床板铺设的，无法承受太大的重量。勇丁们一拥而上，浮桥立即塌下，数百名士兵，不是淹死就是互相踩踏而死。

残兵败将归来，曾国藩愧恨交加，在靖港对岸铜官渚投水寻死，被手下救起。靖港一战中曾国藩苦心经营的五营水师，全部被太平军歼灭，几乎是湘军水师的一半实力。曾国藩心情沮丧，不得不回到长沙——湘军的大本营。湖南官场众官僚却无一人过来安慰一下受挫的曾国藩。

曾国藩历经靖港之败，目睹世态炎凉，不忍受辱，死念顿起。于是，召集幕友李元度、陈士杰、李显章等吩咐后事，写作遗折，表明死志未泯。此折写定后，曾国藩即命仆人购来棺木，吩咐只待自己死后，立即押运棺木回老家，所得丧仪，除棺材成本、运费外，全部移交粮台。至于遗折，他让好友转呈朝廷。曾国藩交代完毕，就要拔剑自裁。在众好友的拼死劝解下，曾国藩才放下了此念。

不久，曾国藩帐下大将塔齐布收复了湘潭，歼灭太平军一万多人。这个消息，使曾国藩喜出望外。湘军的湘潭大捷，挽回了靖港惨败的影响，让这位湘军统帅总算挽回了一点面子。在湘潭战场上，湘军的兵力占了相当大的优势，加上太平军主帅林绍璋指挥不力，致使战线拉长，兵力过于分散，使太平军完全处于被动挨打的局面。

湘潭之战，太平军遭到惨败。清政府对湘军给予了特别嘉奖，并称赞了这一胜利所带来的重要影响："自粤逆称乱以来，未受大创，湘潭一役，始经兵勇痛加剿洗，人人有杀贼志矣。"湘潭之战的胜利，曾国藩的处境开始得到改善。

挫折一方面使人们前进的步伐受到阻碍，从而产生忧愁、焦虑、不安、恐惧等消极心理；另一方面又有利于人们磨炼意志，增长才干和智慧。曾国藩亲身经历了靖港惨败，同时接到湘潭来的捷报，大悲大喜令他感慨万千。随后的几天里，他隐居在长沙南门外的妙高峰寺，闭门反思。曾国藩事后吸取此役教训，狠抓军队质量建设。而后湘勇添炮造船，重整旗鼓，七月攻下岳州，十月一举拿下武昌、汉阳。获得了一连串的胜利，一时平定了两湖的太平军，获得了皇帝的嘉奖。

对于那些信念不坚定、本身承受力不强的人来说，挫折只会让他更加意志消沉、丧失斗志，所以他们才会把挫折当作灾难。而对意志坚定、积极进取的人来说，挫折反而是一种激励，是一种指导，挫折只会让他们越发的精神抖擞、斗志昂扬，他们也将因此变得越来越出色！不管是从政还是做什么，都将是一条“流血的路途”，其间必然充满心酸、布满荆棘，但如若你拥有一颗坚强的心，有一种奋发向上的斗志，那你就能无往而不胜！

## 永不言败，永不言退

曾国藩是那种遇到困难不低头、不退缩、能够坚挺而起的人。提到“挺”字，是坚强性格的代名词。所谓“挺”就是遇到逆境，遇到困难不低头，不趴下，而是挺直腰杆，挺胸抬头，克服困难，勇闯难关。

曾国藩想浩浩荡荡打到南京。哪知道出师不利，第一仗在靖港打了个大败仗，羞愧难容，要跳河自杀。曾国藩第一次大败之后，埋头募兵练兵，湘军陆续增至水陆两师两万多人。咸丰四年六月中旬，曾国藩再次指挥水陆大军发动新的攻势。当时，湘军水师总统褚汝航克复岳州，太平军骁将曾天养反攻，大败。6 月 14 日再反攻，又败。曾国藩为此得意洋洋，认为太平军不过如此。

1855年初，在两湖战场大获全胜的湘军奉命东征，这样曾国藩就与石达开在江西遭遇了。

石达开是太平军的名将。1854年夏秋，太平军在西征战场遭遇湘军的凶狠反扑，节节败退，失地千里。石达开看出两军最大差距在于水师，便命人仿照湘军的船式造舰，加紧操练水师。在湘军兵锋直逼九江的危急时刻，石达开再度出任西征军主帅，指挥作战。面对气势汹汹的湘军，石达开从容部署，他派罗大纲守梅花州，林启荣守九江城，自己极为巧妙地以东岸县城为大营，督促水陆两师严密布防湖口内，扎了大小木牌各一座，东岸筑土城，西岸筑木城，营外广布木柱、竹签，厚达十余丈，然后再沿城掘壕数重，埋设地雷，上用巨木纵横为架，却是遍设铁蒺藜。所有防务工事，太平军倾城而出，一日之内便告完成。

第二天曾国藩又坐到官船前窥探，直惊得他目瞪口呆，石达开似有神助，他竟能在一天之内将这座陷于重围的九江城，变成了铜墙铁壁一般坚固！12日胡林翼、罗泽南、彭玉麟、李孟群合兵一处，并力猛攻梅花洲。曾国藩心生一计，命水师精兵二万余人，尽除鄱阳湖口障碍，冲入湖内。石达开见状哈哈大笑，因为湖口障碍如此容易清除，正是他的诱兵之计。当时只听一阵锣响，湖口两侧太平军工兵齐出，飞速设卡筑垒，断了这大队水师的归路，使实力雄厚、所向披靡的湘军水师，在湖里湖外被斩为两段。太平军困住了湘军水师之后，也不去攻打他们。

当夜，石达开知会梅花洲的罗大纲，尽起舴艋小舟，突击湖口彭玉麟、李孟群的水师。黑暗中彭、李不知来船多少，大惊之下被太平军一举焚掉大船九艘，小船三十余只。李孟群、彭玉麟虽然率领残余船只，逃到了上游，但另一半水师还困在鄱阳湖里，没能逃出来。

1855年12月25日，石达开挥师反攻破敌。这一天恰好是个月黑之夜。石达开命令林启林自九江、罗大纲由小池口，乘坐一百多只小船两路进攻湘军水师。等到驶近湘军水寨时，太平军火弹喷筒齐发，使得曾国藩麾下的战船，纷纷起火燃烧。在湘军大乱中，一队太平军乘坐舢板直扑曾国藩的坐船。黑夜之中，军情难辨，曾国藩衣冠不整，被护卫救上小舟，仓皇逃到罗泽南的大营。曾国藩的坐船被俘，公文和书籍全部落到太平军手里，湘军水师一百多号战船被烧得精光。

曾国藩气愤之极，想以死相拼，刘蓉和李元度等人极力劝阻，方才作罢。

曾国藩在罗泽南的营里，目睹水师覆灭，船沉勇溃，痛不欲生之下又一次跳水自杀，幸为亲兵救起。尽管曾国藩没有轻生成功，但湘军仍然处在危险之中。多亏在混战之中，曾国藩的一名部将飞奔而出，去为湘军搬救兵。这是一个神行太保似的人物，他跑到两百多里外去找到外出筹粮的鲍超，率领两千军士赶了回来，从太平军背后杀出，方才迫使太平军撤退，解了湘军全军覆没的危机。

永不言败、永不言退，这是曾国藩成功的一个重要秘诀。具有坚强的忍耐力，是一个人能够克服困难、承受打击的基本素质。一般而言，人都有承受压力和困难的潜力，但能否承受巨大的压力和困难，就是识别一个人能否做大事的标准之一。

干事业，古代也好，现在也好，什么时候都是这样——事业越大挫折就会越多、困难就会越多，关键是你是否能在这样的挫折和失败中挺过来。曾国藩兵败后，黯然退守南昌，湘军第一次东征的成果完全丧失。同时，大败之下又受到了当地文武官员的冷嘲热讽。但曾国藩是一个有忍耐力的人，面对别人的讥讽、嘲笑和轻蔑，他从不怨天尤人，而是咬牙立志，屡败屡战。这“屡败屡战”是一个很有名的故事，湘军大败后，幕僚给曾国藩起草一个奏折，说湘军最近打仗屡战屡败。曾国藩想了想，改了一下，说自己屡败屡战，我屡败了还要屡战。皇帝读后大受感动，不但没责罚曾国藩，反而加以慰问。

曾国藩能够战胜失败，走向成功，就在于他“永不言败、永不言退”。这种精神是最值得我们学习的。试想，如果曾国藩当时就跳河自尽，历史还会记住他吗？因此，面对挫折，勇敢地去面对，人生将别有一番洞天。

## 想抬头，先低头

妥协是一种力量，是一种逆势生存、重获新生的顽强力量，使人百折不挠；妥协是一种策略，是一种厚积薄发、自我保全的良策；妥协是一种智慧，让你更加成熟睿智，是智者生存的一种必然选择。因为懂得妥协，小草以柔克刚，从石逢中茁壮成长；因为懂得妥协，雪松百折不挠地抵抗住积雪的重压，在恶劣环境中逆势独存。曾国藩也是凭借着能屈能伸的功力，不断攻克难关，创造辉煌。

太平军在石达开指挥下于1855年初在湖口、九江两次大败湘军，湘军水师溃不成军，统帅曾国藩欲投水自尽，被部下救起。同年秋天，石达开又挥师江西，四个月一连攻下七府四十七县，由于他军纪严明，施政务实，爱护百姓，求贤若渴，江西人民争相拥戴，许多原本对太平天国不友好的知识分子也转而支持太平军，队伍很快从一万多人扩充到十万余众。清朝官员不由哀叹“民心全变，大势已去”。

1856年3月，石达开在江西樟树大败湘军。至此，湘军统帅曾国藩所在的南昌城已经陷入太平军的四面合围，对外联络全被切断。

这一时期曾国藩领着湘军被困在江西，内部的情况也很艰难。先是大将塔齐布病亡，再是罗泽南战死于武昌城下，马继美死于南昌，周凤山兵败被革职，只有刘于浔率领湘军水师驻守南昌、临江，但一直没有胜绩，只是勉强盘踞而已。太平军中到处传唱着这样一首顺口溜："破了锣(罗)，倒了塔，杀了马，飞了凤，徒留(刘)一个也无用。"一位文人写下了这样的诗句："破锣倒塔凤飞洲，马丧人空一个留。此语传闻真可叹，斯时寇盗大堪忧。"太平军的浩大声势，虽令曾国藩多次发出过"不可平定"的叹息，但他并没有放弃。"自助者天助之"，之后不久，石达开再次被调回天京，曾国藩也得以"重生"。

人生的道路不是一帆风顺的，在挫折中积累经验教训，再接再厉，才能为将来的成功做好准备。危急关头，曾国藩放低姿态，应对各种压力，凭借顽强的意志，等待时机，坚守南昌城，拒不出战。同时，在这种危急时刻，曾国藩认为首先要"自救"，那就是加强自身建设，苦练自身的内功。

在江西相持的三年，是曾国藩最困难的时期。咸丰五年二月，曾国藩在奏折中对自己当时的心情有过生动的描述："闻春风之怒号，则寸心欲碎；见贼船之上驶，则绕屋彷徨。"后来王闿运读到这篇折子，感叹："夜览涤公奏，其在江西时实悲苦，令人泣下……《出师表》无此沉痛。"这时曾国藩的父亲刚好去世，于是曾国藩给皇上拟了一个《回籍奔父丧折》："微臣服官以来，二十余年未得一日侍养亲闱。前此母丧未周，墨绖襄事；今兹父丧，未视含殓。而军营数载，又功寡过多，在国为一毫无补之人，在家有百身莫赎之罪。瑞州去臣家不过十日程途，即日奔丧回籍。”曾国藩暂时跳出了战场，在家守孝一年零四个月。

在生活中历练过的人，都明白要想抬头，必须先要低头。如果不懂得低头，就会撞得头破血流。

在人生道路上，退让不是妥协，而是战胜困难的一种理智忍让；妥协不是倒下，而是为了更好、更坚韧地挺立；暂时的委曲求全不是懦弱，而是退一步海阔天空，是为了让生命锤炼得更加坚强。

## 善忍耐者能成事

曾国藩认为做事情要一步一步去做，条件不具备之时，则要当缓则缓，当停则停，待条件成熟之后再做。能够如此，也便能够保证事情得以圆满成功。简单地说，也就是要学会等待，等待最佳时机的到来。

做人一定要有忍耐心，才能熬出头来。在中国历史上的政治斗争中，经过长期忍耐、积蓄力量方才获得成功的事例，比比皆是。

周灭商，经过了文王的努力经营，“三分天下有其二”，完成了对商都的钳形包围，但并没有起兵，仍在等待时机。武王即位后，继续经营，九年后“观兵于孟津”，对商朝有了一次试探性的军事行动，八百诸侯前来会盟，但武王仍认为时机没有成熟，还需忍耐。又等了两年，商纣王杀戮元老功臣，引起朝野危机；商军主力又在东南作战，国都空虚。武王认为灭商时机已到，这才下令东征，大举伐商，于牧野一战击溃商军，推翻了商王朝。

春秋时越王勾践卧薪尝胆，经过十年的力量积蓄，才攻灭吴王夫差，这更是人尽皆知的典故。

善忍耐者事必成，不善忍耐者事必败。其实，忍耐就是饥饿难熬但一定要有咬紧牙关挺过去的那种感觉和决心，或者说在泰山压顶时，能够憋住气熬过去的那种意志和自信。曾国藩认为一个人如果拒绝了忍耐和等待，实际上就拒绝了成功。因此，身处逆境时也不能一蹶不振，心灰意冷。得意时思危虑败，失意时能看到希望，才是做人应有的态度。

曾国藩从办团练那一天开始，因为没有实权，又没有军饷，兵力发展不快，可谓惨淡经营，屡战屡败。咸丰七年闰五月，曾国藩在回家守父丧五个月后，接到命他以署理兵部侍郎的身份立即赴江西督办军事的谕旨。趁着这个机会，他上了一道奏疏，历陈这些年来自己办事的种种难处，而之所以困难，就是因为没有实权。他说："以臣细察今日局势，非位任巡抚有察吏之权者，决不能以治军；纵能治军，决不能兼济筹饷。臣处客寄虚悬之位，又无圆通济变之才，恐终不免于贻误大局。"这是公开地向朝廷要巡抚实职，但朝廷宁可不要他再出山，也不满足他的这个要求。原来，咸丰帝是鉴于曾国藩家乡的威望太高，担心若假以地方实职，则其将如虎添翼，或许对朝廷不利。对此，曾国藩的办法就是在家静思，耐心等待形势的变化，等待再次出山的机会。

付出总有回报，成功有时候只有一步之遥，只要你坚持到底！1856 年，石达开大败湘军，合围湘军统帅曾国藩所在的南昌城后，被调回天京参加解围战。同年 9 月，"天京事变"爆发，东王杨秀清被杀，东王上万的部属惨遭株连，石达开逃出天京，在安徽举兵靖难，天王下诏诛北王韦昌辉。1857 年 5 月，翼王石达开又负气出走，带走太平军十余万人。一时间太平军元气大伤。与此同时，清军却趁机加紧了对太平军的进攻，原为太平军占领的江西、湖北的数十州县陆续被清军夺去，武汉、九江相继收复。

1858年，清军分别重建江南和江北大营，围困天京，使太平军军事形势急剧恶化，各个战场都陷于被动。在此紧要关头，洪秀全首先整顿了军队，恢复了早期的五军主将制度；提拔陈玉成为前军主将，李秀成为后军主将，李世贤为左军主将，杨辅清为中军主将，韦志俊为右军主将（韦志俊叛变后，由刘官芳接任），从而使皖北、皖南及天京外围的几十万太平军改变了天京事变后缺乏统一指挥的混乱局面。同时，石达开又进军浙江，并联合杨辅清进军福建，欲开辟浙闽根据地，与天京根据地连成一体。浙江是江浙皖清军的主要饷源，为阻止石达开攻浙，清廷急调各路兵马增援，最终不得不命丁忧在籍的曾国藩重任湘军统帅，领兵入浙。曾国藩抓住机会，再次出山，掌握了湘军的帅印。

忍耐是成大事者的基本功。曾国藩为人处世，就是以忍耐为主。在不能够如意时，他一再告诫自己和弟弟务必忍耐，力戒急躁。因为曾国藩懂得：不善忍者，多半是愣头青，不计后果，见到什么就争什么，这样下去必然会满盘皆输。

湘军的多次失败使曾国藩痛心，朝廷的猜忌、防范，又使曾国藩寒心，同僚和官绅们的处处刁难使曾国藩忧愤。一系列的挫折和打击给曾国藩造成了巨大的心理落差，使曾国藩多次产生了自杀的念头。但随着他阅历的丰富和磨炼的增多，曾国藩的心理承受能力渐强，以后面对类似的情况他也就能坦然面对了，最终成就了一番事业。

曾国藩后来回忆他的人生历程时说道："吾初起兵，遇攻危，则有死心。自吾去祁门，而后乃知徒死无益，而苛生之可以图后功也。"由此可见他的心理确实是经历了一番大的变化，能够不轻易地屈服于各种挫折，以顽强的忍耐和毅力战胜挫折，不断前进。

## 自强自立，不抛弃不放弃

曾国藩认为一个人平生最重要的是要有“自强自立”的精神，在他看来，“自强自立”的精神是极其宝贵的，“人苟能自立，则圣贤豪杰何事不可为”，“用兵之道，最贵自立”。曾国藩出身寒微，但他历经千辛万苦，在逆境中奋起，求得自强自立。在他看来自强应是不断超越自己，完善自己。他做到了这一点，也用毕生的言行实践着这一人生理想。

曾国藩再度出山时，太平天国的实力因领导集团的内讧而大为削弱，湘军一度于1858年5月攻下九江，大破太平军。但同年在三河镇之战中，太平军新秀陈玉成和李秀成联手，困住清军，湘军精锐李续宾部六千余人被全歼，李续宾本人也丢了性命，湘军元气大伤。三河镇大捷，太平军粉碎了湘军东犯的企图，湘军经此一战，元气大伤，使其年余不敢东犯，曾国藩哀叹“不特大局顿坏，而吾邑士气亦为不扬”。此后曾国藩改变战术，稳扎稳打。因此，1859年至1860年间，咸丰皇帝因石达开拟行入川和苏常危急，命曾国藩率军入川和东援，他拒不从命，奏称“自古平江南之贼，必踞上游之势，建瓴而下乃能成功”。因此，他以攻取安庆作为湘军的战略重点和当务之急，把安庆之战看作是“目前关系淮南之全局，将来即为克复金陵之张本”，采取围城打援的策略，以稳扎稳打、步步为营的战术，实行力取上游，逐渐及于下游，即先取安徽再取江浙的方针。1860年6月，朝廷赐曾国藩兵部尚书衔，署理两江总督。1861年9月15日，安庆在长期围困后被湘军曾国荃部攻陷。安庆失陷，使天京失去了长江上游的一个重要屏障，太平军从此居于守势，湘军与太平军的主战场也由安徽转移到江苏。

曾国藩在一封家书中写道:“从古帝王将相，无人不由自立自强立世。即为圣贤者，亦各有自立自强之道，故能独立不惧，确乎不拔。”曾国藩一生崇尚自强自立。他说:“人当自强。但是否如沅弟（曾国荃）所说自强者总能比别人略高一筹呢？我不以为然。至于说到一个人的强大，在我看来，不外乎北宫黝、孟施舍、曾子三种情形。孟子能聚义而慷慨，这和曾子的自我反省而能屈能伸一样。只有曾子、孟子与孔子告诉仲由的强的道理，才稍微可以长久。此外斗智斗力的强，则有因为强壮而十分兴旺的，也有因为强壮而惨败的。古往今来如古代的李斯、曹操、董卓、杨素，这些人的智力可以说都是横绝一世的，但是他们的失败祸害也非同寻常。近世如陆、何、肃、陈等人都是雄健过人，但他们没有一个人能得以保全终身。所以，我们在自我修养上求强是可以的，但在逞能斗狠上求强就不行了。由此看来，那些喜欢布施于人的人，就像那些喜欢逞强斗能的人一样，他到底强大还是不强大都是一件尚未可知的事情。即使终身安稳，也是君子不屑一顾的方式。”

自强自立，不抛弃不放弃，就是不抛弃任何一个对胜利的信念，不放弃任何一条可行的路线。不抛弃，不放弃，只要勇往直前，胜利就会属于自己。从咸丰五年到咸丰十年的这五六年里，曾国藩在江西、安徽一带的军事行动一直在低迷中徘徊。在这期间，曾国藩连续遭遇到了江西官场的排斥、湖南官场的指责和安徽战场的挫折，再加上朝廷的不信任与友军的不配合，也有过丧失信心、几度欲自杀的经历。比如，在靖港惨败后原本颇有大志的他，目睹湘军惨败，欲投水自杀，被人阻止；在湖口一役，曾国藩的水师被石达开指挥的大军歼灭，跳江自杀，幸被部下救起；还有一次就是在祁门困守之时，料知不能免于死，立下遗嘱，准备随时自杀，好在当时围困祁门的李秀成用兵谨慎，自行撤退，才又躲过了一场劫难。

面对着这一切挫折和打击，曾国藩都忍了。他博览群书，熟读古代典籍，领悟到能够承受压力，经受打击，经过困难的磨炼，是成大事者必备的条件之一。曾国藩晚年回忆说："平生受尽屈辱和漫骂，但矢志不移。"后人评价曾国藩的"坚忍成功"，表达的是同样的意思。

曾国藩的经历表明，挫折会给人的身体和心理带来沉重的打击和巨大的压力，造成精神上的烦恼和痛苦，使生活道路变得曲折，这是挫折的消极作用。有的人只看到挫折的消极作用，一旦挫折来临，便惊慌失措，无所适从。其实，从另一个角度来看，挫折能够增长人的聪明才智，挫折可以激发进取精神，挫折还能磨砺人的意志。所以，我们应该冷静地对待挫折，不能只把挫折看成是对自己的一种打击，同时也要把它看成是对自己的一次考验、一个磨砺的机会。

我们要看到失败中可能孕育着胜利，从而能像胜利者那样，信心十足，充满干劲地去应对挫折，这样，事情就会发生变化，由失败变为成功。所以，挫折、失败并不可怕，只要我们冷静地对待挫折，自强自立，不抛弃不放弃，就能获得成功。

## 打落牙和血吞，能坚忍者真强人

坚忍是一种意志力。历史上许多成功者证明，经过艰苦的磨炼或一系列的挫折，才能具备成功的品质。梁启超说过：凡古来能成大事者，其自制力、忍耐力必定很坚强。中国历史上不少蛮勇之人，如项羽，他在江东崛起，举兵反秦，征伐九州，一统天下。他率军入关中，以五诸侯灭暴秦，威震四海，分裂天下，册封十八诸侯，大政皆由羽出，号为“霸王”，权同皇帝。他的出现，为中国的历史掀起了一场风云，写下了一段神话。但项羽不能忍一时的困难，最后在乌江边谱写了一曲悲歌，令人扼腕。但如若他能体会忍字真谛，历史定将改写了。

曾国藩在连年的征战生涯中，遭受了旁人难以想象的挫折与磨难，几度九死一生，但他始终不放弃，坚持到底，最终取得了胜利。晚年的曾国藩和他的得意弟子李鸿章有一段对话，再次谈到了世事胜负与坚忍性格的关系。

“恩师，你看门生最大的不足在哪里?”李鸿章冷不防向曾国藩提出这个问题。凭他多年与老师相处的经验，知道用这种突然发问的方式，往往可以得到老师心中最直率的真言。

曾国藩随口答道:“你的不足在于欠容忍。我一生无其他长处，就在这点上比你强。还是在京师时，邵蕙西便看出来了，他说我死后当谥文韧公。虽是一句笑话，却真说到了点子上。我那年给你讲的故事，你还记得吗?”

“记得，记得。”李鸿章迭声答到。那年曾国藩说的两个乡下人在田埂上互不相让的故事，给李鸿章留下了极深的印象。李鸿章曾国认真地思考过很长一段时间，也体味出了这个小故事中所包含着的许多内容，但他把握不准老师本人的意思。“恩师，门生和其他幕僚都猜不透那个故事中的含义，您启发我们一下吧!”

曾国藩望着李鸿章这副虔诚的样子，笑道:“其实也没有什么特殊的含义，只是在一桩乡下时常可以看到的小事罢了。都是两个倔犟人，面对面地站在一条田埂上，都想先过去，在那里挺着，看哪个挺得久，不能坚持下去的人自然就输了。就我个人而言，我年轻时就喜欢与逆境对着干，现在老了，不这么做了，也就无任何业绩了。所以提醒你注意，世间事谁胜谁负，就看谁能坚忍到底。”

曾国藩的一生确实深得坚忍之精髓，多次打落牙和血吞。人生的意义正在于由弱而强。具有坚忍性格的人，任何时候都不会被困难打倒！

1861 年辛酉政变后，曾国藩奉命管辖苏、赣、皖、浙四省军事，自巡抚、提、镇以下文武各官皆归其节制。曾国藩就向朝廷举荐左宗棠督办浙江军务、李鸿章出任江苏巡抚。1862 年更加以两江总督、协办大学士官衔。这时，曾国藩军、财、政大权一人独揽，便加紧了对苏南、浙江的进兵。

湘军与太平军之间角逐的艰难，主要体现在军事上。在一段很长的时间里湘军与太平军打仗，都是败多胜少。曾国藩由于多次失败，改变了先期急于求胜的思想，特别是经过一年多的家居反省后，心志更加坚定，战略方针也更加成熟。曾国藩认为，湘军想攻取战略要地，在战术上必须深沟厚垒，以主待客，以静制动，以逸待劳，稳扎稳打。他要求湘军在包围坚城后，不应急攻，而应先筑起围城坚垒，一方面耗尽守城军队的粮食，另一方面又以此吸引援军解围攻坚，使其“如飞蛾之扑烛，多扑几次，受创愈甚”。待敌力量消耗殆尽、疲惫不堪之时，再与之战，如此就能“成功愈易”。这被称作“结硬寨打呆战”。比如，曾国荃于 1860 年率军围安庆，太平军多次施“围魏救赵”之计以解安庆围，曾国藩力主“不必分心攻城，专主坚守后壕”。湘军在安庆城外筑起了前后两道深壕厚垒，对太平军的守军和援军都不出战，围困安庆长达十多个月之久，于1861年9月攻下安庆。

此后，曾国藩以安庆为大本营，命曾国荃部沿江东下，直逼天京；命左宗棠部自江西进攻浙江；命李鸿章部自上海进攻苏南，对太平天国实行战略包围。在他的支持下，曾国荃部逐渐完成了对天京的包围。

1862年5月，曾国荃率湘军前锋两万人进抵天京城下。曾国藩考虑到太平军下游的主力尚完整未损，遂指示曾国荃“以坚守坚扎为主，不必遽图进剿，不必寻贼开仗”；并要求在整体上实行攻防结合，防中有攻的原则，在兵力部署上分出攻防两支力量，“半活半呆，半剿半守，更番互换，乃能保常新之气”。所谓“活兵”，是指轻兵进剿的游击之师，以对付太平军的援军并扫清金陵外围；所谓“呆兵”，则指重兵坚守合围天京的围城之师，专以围困天京。为防止懈怠，攻防各营经常相互轮换，使部队士气能得以维持。天京围困长达两年之久，直到李鸿章、左宗棠所部在苏南、浙江战场节节胜利之后，曾国荃所部的兵力日渐增多，实现了全面合围。此时，天京城内已粮绝力尽，1864年7月19日，湘军终于攻陷天京。

事后，清廷论功行赏，曾国藩赏加太子太保衔，赐一等侯爵，世袭罔替，赏戴双眼花翎；曾国荃赏加太子少保衔，赐一等伯爵，其余湘军将领也都赏赐有加。

曾国藩凭着自己的坚忍和耐力最终取得了战争的胜利。忍以克己，是曾国藩外在形象和内心世界的真实写照，也是他平步青云的重要原因。他将幕僚的“屡战屡败”改为“屡败屡战”，常常以“好汉打脱牙和血吞”来勉励部属，以及调侃自己是“文韧公”等等，都说明他坚忍顽强、百折不回的性格。

# 第十二章 | 血诚待人、知人善用——曾国藩的领导艺术

曾国藩认为“大厦非一木所能支撑，大业乃凭众人智慧完成”，同时，他也是这么做的，他自己成功，也让别人成功；他自己发达，也带给别人发达。仅此一点，曾国藩就足以成为我们每一个人的老师！



## 重视人才、善于用人

自古以来得人者昌，失人者亡，纵览古今历史，概莫能外。刘邦在夺取政权后，与群臣有一段著名的“三不如”的对话：“运筹帷幄，决胜于千里之外，我比不上张良；镇国家，抚百姓，保障后勤，我比不上萧何；连百万之军，战无不胜，我比不上韩信。我能善用他们，所以才能夺取天下。”刘邦所说的，其实也是古今一切成大事者的第一秘诀。制胜之道在于人，要想成就一番事业，就要善于用人。

刘邦本来是一个乡村无赖，他的最大官职是亭长，顶多只相当于现在的村长，但他却夺取了天下，而出身富贵的项羽却丢了

天下。这里面的关键在于项羽不会用人，刘邦会用人，而且会用各种不同的人才，将他们的才干充分发挥出来，服务于自己的大事业，这正是刘邦的成功之处。

曾国藩，这位清朝“中兴功臣”是重视人才、善于用人的杰出大师。曾国藩早在办团练伊始就发布《招募绅耆书》，广罗人才：“我奉命协助帮理团练，稽查捉拿贼匪。接受任务以来，日夜忧心忡忡，唯恐有误，担心自己见识不广，考虑不周，因此孜孜以求，希望家乡的贤人不要嫌弃我，肯慷慨前来光临相助，借此来广泛采取众议，周密地听取意见，以求补救我的疏漏。所以我经常或是寄信请人出山，或是热情欢迎来宾，广招英雄豪杰，咨询高见妙法，这一片耿耿之心，想来能得到大家的体谅……大厦非一木所能支撑，大业凭众人的智慧而完成。如果能使众多的贤士都汇集而来，肝胆相照，那么，即使是坚固的金石也能穿透，又有什么艰难不能被克服呢?”

曾国藩广揽人才，知名的有李鸿章、左宗棠、薛福成、华衡芳等，并用心栽培他们。他兴幕府、纳英贤，终成人才荟萃之可喜局面。

晚清之际，大清朝的八旗精兵和绿营兵军纪败坏，一溃千里。太平军起义后，朝廷不得不依靠各地督抚大练团练武装，各自为战。这样一来，一方面朝廷之安危系之于督抚；另一方面，地方大权就自然而然地落入各地督抚之手。于是幕府再次兴盛起来。当时曾国藩幕府精英云集，有三圣七贤之说，三圣者即吴竹如、涂朗轩等人，七贤者即邓弥之、莫子偲诸士，被称作“天下第一幕府”。李鸿章有诗一首描绘当日曾国藩幕府人员之盛：“南丰老人应寿昌，说经舌粲莲花香。往往谈兵惊四座，却行伤足怨迷阳。吾宗文雅兼武略，浙东争谈小诸葛。佞佛仍持苏晋齐，凌云未解相如渴。诗家许浑殊翩翩，苦吟欲度饭颗前。更有王郎歌砍剑，泻地涌出百斛泉。满堂豪翰济时彦，得上龙门位不贱。牡丹时节金带围，定有五色云中见。短主簿，髯参军。纵横笔阵风运斤，为公折简访倪迂，添写江楼雅集图。”诗中云“吾宗”，指平江李元度，许浑句指许仙屏，王郎指湘潭王壬秋。此诗就其文采可谓一般，却反映出当时曾国藩幕府人才之多。

据统计，仅仅是位居督抚的就有二十三人出自于曾国藩的幕府，大学士、军机大臣如李鸿章、左宗棠、钱应博等人均出自于他门下，至于其他位授实职如盐运使（从三品）、布政使（从二品，相当于副省长）、按察使（正三品）、总兵（正二品）、提督（从一品）者，其数目更是惊人。正如清代学者夏震武所言：“数十年来朝野上下所施行，无一非湘乡之政术、学术也。”对后世之影响最大者还在于他幕府中那些外交人才，如郭嵩焘等人；以及那些兴科学、办实业、开洋务的精英如李鸿章（洋务）、李善兰（数学家）、徐寿（科学家）、华衡芳（科学家）；著名的“文学四弟子”（张裕钊、吴汝纶、薛福成、黎庶昌）和中国第一个留美归国的容闳，等等。

无数历史事实说明：事业成败决定于人才。曾国藩在世的时候说，“制胜之道在人而不在器”。这句话正是他对人才重要性的精辟总结。

## 大人物要有大胸襟

有大胸襟大气概才能成就大人物。曾国藩的气度不仅为自身增加了人格的魅力，博取了人们对他的支持和真诚相助，更重要的是也使曾国藩少树了许多仇敌。做人胸襟坦荡，虚怀若谷，可以使人与人之间以诚相待，互相信赖，博取人们对你的支持，事业就有成功的希望。

关于曾国藩的大胸襟，在这里我们不妨说说曾国藩和左宗棠的故事：曾国藩为人拙诚，语言迟讷，而左宗棠恃才傲物，自称“今亮”，语言尖锐，锋芒毕露。咸丰四年四月，曾国藩初次出兵，败于靖港，投水自尽未遂，回到省城，垂头丧气。左宗棠到船上探望曾国藩，见他气如游丝，责备他说国事并未到不可收拾的地步，速死是不义之举。曾国藩怒目而视，不发一言。咸丰七年二月，曾国藩由江西瑞州营中归乡奔丧，左又指说他不待君命，舍军奔丧，极不应该。加之湖南官绅哗然应和，使曾国藩非常难堪。

次年，曾国藩路过长沙时，却登门拜访，并集“敬胜怠，义胜欲；知其雄，守其雌”十二字为联，求左宗棠篆书，表示谦抑之意。其实，特别能显示出曾国藩宽宏大度的，是咸丰十年后对左宗棠的举荐。在这以前，因左宗棠接济军饷有功，曾国藩也曾举荐过左宗棠。但左宗棠性情刚直，在湖南太过专断，导致很多人的忌恨，不久又因樊燮事件而几乎要传至武昌对簿。咸丰帝甚至密令：“如左宗棠有不法情事，可就地正法。”后经骆秉章、胡林翼、肃顺等人进言，才草草了结。

当时，曾国藩驻军宿营松，左宗棠来营暂避锋芒，曾国藩热情地接待了他，并连日与他商谈。曾国藩在奏折中为左宗棠说了不少好话：“左宗棠刚强英明吃苦耐劳，通晓军机。当现在正需人才之际，或饬令他办理湖南团防，或选拔作藩司臬司等官，让他管理地方，使能安心任事，定能感激涕零，报效朝廷，有益于时局。”

他在左宗棠极其潦倒时，伸出了援助之手。三年之中，曾国藩四次奏保左宗棠，使其从一个被人诬告、走投无路的士子，一跃而成为封疆大吏。这样一日千里的仕途，固然出于他的才能与战功，但没有曾国藩的报功保举，绝对不会如此顺利。曾国藩和左宗棠成名后，朝野一般多以“曾左”并称他们两人。

曾国藩年长于左宗棠，并且对左宗棠也非常照顾，但左宗棠为人颇为自负，从没有把曾国藩放在眼里。有一个小故事可以说明：有一次，左宗棠很不满地问其身旁的侍从：“为何人都称‘曾左’，而不称‘左曾’？”一位侍从回答：“曾公眼中常有左公，而左公眼中则无曾公。”这一句话，让左宗棠沉思良久。

由于曾国藩看重他的才能，以诚相待，最后左宗棠终于对曾国藩敬佩有加。有一副左宗棠为曾国藩写的挽联可以作证：“知人之明，谋国之忠，自愧不如元辅；同心若金，攻错若石，相期无负平生。”这对联写得大气磅礴，正气凛然，不仅回击了众人对他的冷言冷语，又展现了曾国藩的为人和博大的胸怀。

大人物有大包容，大胸襟，大海量。关于曾国藩的雅量大度，还有这样一个故事：新宁的刘长佑由于拔取贡生，入京参加朝考。当时的曾国藩身份已很显贵，有阅卷大臣的名望，为索取刘的楷书，想事先认识他的字体，刘坚持不给。以后刘长佑做了直隶总督，当时捻军的势力正在壮大，曾国藩负责分击，刘负责合围，刘以草写的文稿，将要呈上，有人说：“如果曾公不满意我们怎么办？”刘说：“只要考虑事情该怎么办，他有什么可以值得怕的呢！”曾国藩看到了这个文稿，觉得这样是非常正确的。刘长佑知道后，对幕客说：“涤翁(曾国藩)对于这个事能没有一点芥蒂，全是由于他做过圣贤的功夫才能达到的。”

曾国藩虚怀若谷，雅量大度，深深影响了他的同僚，为湘军聚集了无数英才，为造就旷世之功打下了坚实的基础。

## 血诚待人，才能一呼百应

曾国藩在用人上提倡以心换心。曾国藩认为诚心可以立天下之大本，诚信是待人之道，专守一“诚”字，则无人不可以为友；忠诚是报国之道，以“血诚”相标榜，一呼云集，无往不利。因此，曾国藩认为，无论做什么事，必须以诚字为本，才有用武之地。

曾国藩带兵征战，官至钦差，更为注意网罗人才。对于才华超群之人，曾国藩知道后总是想尽办法让其为己所用。

比如，郭意诚是湘中有名的文人。因其文才颇好，曾国藩想让郭意诚到自己幕下，郭意诚以其喜欢隐居为由拒绝了。曾国藩千方百计引他出山，曾多次给郭意诚写信邀请：“您在才智、口才方面赶不上左宗棠，在文辞雅洁、文义雄健方面赶不上长公。但是，您的文笔明白畅达，连老妇都能听懂，这却正好是我所偏好的。”

此外，曾国藩知道郭意诚极爱自己的妻子，不愿远离她，并以此为借口，不愿出山，特寄书一封戏谑他：“知公麋鹿之性，不堪束缚，请屈尊暂临，奉商一切。并偕仙眷同行，当饬人扫榻以俟。”郭意诚平日比较信任曾国藩，接信后迅速赶到湘军营中见曾国藩。曾国藩未见其妻跟随，命他及早回去，并写信道：“燕雁有待飞之候，鸳鸯无独宿之时，此亦事可行者也。”郭意诚为曾国藩之诚意感动，答应出山。

后来，郭意诚成为曾国藩的得力助手，很多的奏折和信函都由郭意诚起草。对这个得力助手，曾国藩也是关爱不已，多次批假让他回家，要么就让他把夫人接来小聚。1858年，郭意诚请假回家探亲，因某种原因未能及时返回，曾国藩以为发生什么变故，还写了几封信询问。

曾国藩诚信待人，量才用人，最终在自己身边笼络了一大批有识之人。曾国藩一生为官，深知人才的重要性。然而要真正做到量才器使，最关键就在于如何去认识人，他说："窃疑古人论将，神明变幻，不可方物，几乎百长兼并集，一短难容，恐亦史册追崇之辞，初非当日预定之品。"他认为，金无足赤，人无完人，不可苛求全才，"不可因微瑕而弃有用之才"。曾国藩识用鲍超，就是一个鲜明的例子。

鲍超是今重庆奉节县人，因家贫从军，行伍出身。咸丰三年，他进入湘军水师，任哨长。攻克武昌后，鲍超升为参将，改领陆军，解救过曾国藩祁门之危。后官至湖南提督，是曾国藩手下一员猛将。鲍超不识文墨，只认识自己的名字，但作战勇敢，带兵有方，其憨直更令曾国藩喜爱。

有一次，鲍超孤军被太平军围困于九江，他派人向曾国藩求援，叫文书写信，半天都没送来。鲍超脾性急躁，等得冒火了，跑过去就骂："这是什么时候了，还在这儿咬文嚼字。"随即叫亲兵拿来一副白麻，自己大手握住笔杆，在白幅中写了一个大大的"鲍"字，而后在"鲍"字周围画无数小圈围绕着。写好后，赶紧装于信函，命人马上去送。送信人看不明白，问："这是什么意思？"鲍说："大帅看了就知道，不必多问！"送到祁门后，曾府中的人也看不明白，只好去问曾国藩。曾国藩一看大笑不止，说："老鲍又被围矣！"就急忙下令让多隆阿前往救援，及时解除了太平军对鲍超的重围。

曾国藩喜爱鲍超勇猛憨直，鲍超亦敬重曾国藩。有次鲍超学写“门”字，末笔没有写上钩，别人告诉他还缺一钩。鲍超指着厅中大门：“两边都不是直的吗，哪里有钩？”正好墙上悬着曾国藩所赠对联中有“门”字，这人于是说：“曾大帅写的这个‘门’字也有钩啊。”鲍超一看果然，跪地叩首，说：“请先生原谅我这个大老粗吧！”

曾国藩的识人智慧与用人智慧是紧密联系的。无论是识人还是用人，曾国藩都努力以诚相待，真正做到用人得当。

曾国藩在与人交往中，推崇“去伪而崇拙”，他认为用天下至诚的方法，才能赢得别人的心。他常训诫曾国荃说：“对待他人要以真心相待，不要玩什么心计。即使别人以‘伪’来，如果你以‘诚’往，久而久之，就能营造良好的关系。”曾国藩还说：“成大事者，以多得替手为第一要义。”曾国藩又说：“求人自辅，时时不可忘此意——人才至难。”也就是说请求别人辅助自己，时时都不能忘记这个道理：求得真正的人才是多么的不容易。

曾国藩作为清朝的中兴功臣，力挽狂澜，成就了一番伟业，与他重视人才、敢于用贤是分不开的。如今，我们再回首看曾国藩的待人之法，也能从中获益不少。

## 鉴人有秘术，用人讲方略

曾国藩的成功之道中极重要的一条，在于他有杰出的识才用人的本事。当时的人们说他擅长看相。曾国藩对自己的相人之术颇为自信，认为从来不会看走眼。

他有一整套相人的方法和理论。曾国藩有名的相人三条为：一是功名看器宇；二是事业看精神；三是言语看条理。“功名看器宇”也就是这个人有没有功名，要看他的风度和度量，譬如大庭广众之下，有一人能吸引大家注意，这个人并不一定长得漂亮，表面上也无特别之处，但他给人的感觉与其他人不同，这就是“风度”；“事业看精神”指能不能做成一番事业，要看这个人有没有坚定、执著的敬业精神；“言语看条理”是了解一个人的思想和个性，可以从言谈举止中感知到。条理是一个人所具备的逻辑思维能力，通过语言交流表现出来，也代表了一个人的学识和修养。

关于曾国藩精于相人的故事也有很多。

曾国藩见了江忠源之后，预料他必立功天下，并死于节义，后来果然都应验了。江忠源善于领兵，战功显赫，太平天国南王冯云山、西王萧朝贵都死在他的手里。

曾国藩任两江总督时，有人向幕府推荐了陈兰彬和刘锡鸿。陈兰彬、刘锡鸿都非常有文采，下笔千言，善谈天下事，在当地很有名气。

曾国藩接见了他们后，对陈刘二人作了这些评价：“刘生满腔不平之气，恐怕会郁郁而终。陈生沉稳一点，可以在官场站住脚，但不会有大作为。”不久，刘锡鸿作为副使，随郭嵩焘出使西洋，两人意见不合，常常闹矛盾。刘锡鸿写信给清政府，说郭嵩焘带妾出国，与外国人往来密切，不成体统，影响国家形象。郭嵩焘也写信说刘锡鸿偷了外国人的手表。当时主政的是李鸿章，自然倾向于郭嵩焘，将刘撤回，以后不再设副使。刘锡鸿对此十分怨恨，上疏列举李鸿章有十大可杀之罪。当时清政府倚重李鸿章办外交，把他的上疏压下了。刘锡鸿气愤难平，常常出语不逊，同乡们都敬而远之。刘锡鸿设席请客，竟然无一人赴宴，不久忧郁而死。

陈兰彬于同治八年（1869年），经许振炜推荐，进入曾国藩的幕府，并出使各国。其为人过于清高，不肯随俗浮沉，终身没有大建树。

还有一次，李鸿章带了三个人拜见曾国藩，请曾国藩给他们分派职务。恰巧曾国藩散步去了，李鸿章示意让那三个人在厅外等候，自己进去了。

不久，曾国藩散步回来，李鸿章禀明来意，请曾国藩考察那三个人。曾国藩摇手笑言："不必了，面向厅门，站在左边的那位是个忠厚人，办事小心谨慎，让人放心，可派他做后勤供应一类的工作；中间那位是个阳奉阴违、两面三刀的人，不值得信任，只宜分派一些无足轻重的工作，担不得大任；右边那位是个将才，可独当一面，将来大有作为，应予以重用。"李鸿章很是惊奇，问："还没用他们，大人您如何看出来的呢？"

曾国藩笑着说："刚才散步回来，在厅外见到了这三个人。走过他们身边时，左边那个态度温顺，目光低垂，拘谨有余，小心翼翼，可见是一小心谨慎之人，因此，适合做后勤供应之类稳妥谨慎的事情；中间那位，表面上恭恭敬敬，可等我走过之后，就左顾右盼，神色不端，可见是个阳奉阴违、机巧狡诈之辈，断断不可重用；右边那位，始终挺拔而立，气宇轩昂，目光凛然，不卑不亢，是一位大将之才，将来成就不在你我之下。"曾国藩所指的那位"大将之才"，便是日后立下赫赫战功并官至台湾巡抚的淮军勇将刘铭传。

曾国藩曾感慨国中无人，他认为中国若不想与外国列强讲和，就得有四五个得力的大将，可他却数来数去怎么也数不出来。正因为如此，他才对人才倾注了较多的心血。只要这个人确有所长，哪怕给他的印象并不好，甚至与他心存隔阂，曾国藩都会任用和举荐。大至总督，小至营哨，曾国藩举荐和扶植的人才不可计数。

一个人的力量毕竟有限，领导人必须会鉴别人才，然后才能组建强有力的核心首脑集团，带领团队沿着正确方向前进。曾国藩善于识拔人才，主要是因为他能观人于微，并且积久而有经验，故才有卓越的知人之明。他观人的方法是“以有操守无官气，多条理而少大言为主”。他最瞧不起的，是大言不惭的人。他为人威重，三角眼且有棱，在接见客人时，往往注视客人而不说话，看得对方津脊汗背，悚然难持，由此断定对方的才情，屡试不爽，令人称奇。

曾国藩一生喜好相人，其治国、治军都需人才帮助，故而相人有很高的水准，否则，用人不当，不但有辱其名声，更会误事误国。曾国藩曾经就相人专门著有《冰鉴》一书，其中虽多涉及儒家、道家传统学说，精华与糟粕并存，但如能以取舍眼光对待，对后人相人也有很大帮助。

## 知人晓事是用人的根本

曾国藩广求人才，又不能照单全收，必须要有一个选择人才的标准。他主张德才兼备，但更注重人的德行。他在笔记《才德》中写道:“我认为德与才不可偏重……有德而无才，则近于愚人；有才而无德，则近于小人。”

人才的标准实际上只有两个方面的内容，一是德，一是才。

前者指个人品质、伦理道德、政治品德，后者指的是才气、能力、学识等，它主要由知识、智力和技能等构成。司马光就德与才的关系把人分为四种：德才兼备为圣人，德才兼亡为愚人，德胜才为君子，才胜德为小人。用人时，最好的选择是圣人，然后是君子，如果都没有，那么与其得小人，不如得愚人。因为有才无德的人是危险人物，比无才无德还要坏。自古以来，国之乱臣，家之败子，都是才有余而德不足。

曾国藩选人特别注重德行，认为选人才要注意朴实，不浮滑，能吃苦耐劳。他选人、用人的主要标准是注重德行操守，而且要求把这种德行操守践履到实处。

湘军中有名的悍将塔齐布本是旗人，初入湘军时，塔齐布只是绿营军里的一个小官。曾国藩在长沙操练湘军时，在操场上时常见到他，且见他次次都特别早地来到练兵场，“执旗指挥，虽甚雨，矗立无惰容”。曾国藩每次检阅步兵，都看见塔齐布身穿短衣、腿插短刀，站在一旁等候检阅，从他身上能透出一股彪悍威严之气。曾国藩察看之后，料定此人绝非等闲之辈。于是，曾国藩将塔齐布传入营中问话，交谈中曾国藩对塔齐布的见解颇为赏识。在后来的了解中，曾国藩发现他治军十分严格认真，并且能很好地团结士兵，因此，更加赏识他。当时绿营军副将德清嫉贤妒能，不提拔重用塔齐布也就罢了，反而特别嫉恨塔齐布的勇武，多次在提督面前说他的坏话。提督也听信谗言，经常羞辱塔齐布。曾国藩知道后，上疏弹劾绿营军副将德清，并举荐塔齐布。果然不出曾国藩所料，塔齐布在后来的湘潭大战中建下奇功，此战被人称为“湘军初兴第一奇捷”。

湘潭大战是湘军生死攸关的一次战役。战后，立下大功的塔齐布被提升为提督，原湖南提督鲍起豹被革职。后来，塔齐布率领湘军又在岳州、小城口和武昌等地多次建功，成为湘军名将。塔齐布以严于治军，并能与士卒同甘共苦著称。塔齐布每立功后都遍赏提标兵，收拢人心，并在左臂刺“忠心报国”四字，得士卒死力。每到深夜，便与亲信兵卒言谈家事，说到悲痛的地方，相对涕泪以流。一次，德化县令给这位大帅送了一张莞席，塔齐布说：“军士皆卧草土，我睡莞席，岂能安枕！”马上让退回去了，一时被传为佳话。

凭着对德才孰重孰轻的这种认识，曾国藩要求“在纯朴之中选择人才”，认为判断一个人，要以是否朴实廉洁为标准。他对那些“心眼多”、大言不惭、巧语媚上的“浮滑”之徒深恶痛绝。

曾国藩在选择标准上，把人才分为两类：一种官气较多，一种乡气较多。无疑，有官气或乡气的人都有缺点。但是两者相比较，曾国藩更厌恶那些爱摆官架子、处事应酬圆滑、从不实干的官僚。他深刻指出：“若官气增一分，则血性必减一分。”

曾国藩一生经历无数风雨，深知在用人上，德才二项有一项就已经很难了，而要二者兼有就更难了。但是这些并未动摇他对德才兼备的选才标准。

## 恩威并施，驭人有道

曾国藩之所以有这样大的成就，这和他知人善用，大力挖掘人才有很大的关系。曾国藩的手下各式各样的人才应有尽有，曾国藩平时很注重对他们的教诲和培养，他的教育立足在褒奖，也就是多用奖励，少用苛责，在这方面他有两句名言“扬善于公庭，规过于私室”。

在十多年的战争岁月里，曾国藩依仗着众多人才成就了大事业，同时，他也通过这些战事培养了一批卓越人才。这批人才，对晚清政治、军事、文化、外交各个方面都发挥了重大作用。曾国藩幕僚薛福成认为，曾国藩最成功之处在于育人用人之道。

曾国藩一生培养了不少大才，最大的成就是选择了一个出色的接班人——李鸿章。

李鸿章二十四岁成为当时安徽省最年轻的进士，在京投遍名师，得高人指点，诗文书法都有较高造诣。李鸿章后来进入曾国藩幕府，在公牍行文上又锤炼得炉火纯青。曾、李关系可追溯到李鸿章的父亲李文安与曾国藩的交往。李文安与曾国藩同是戊戌年（1838年）进士，因此有“同年”之谊。李鸿章在未中进士之前，与其兄李瀚章都曾以“年家子”身份投靠曾国藩门下，拜曾为师，学习八股文、试帖诗和“义理经世之学”。

1845年李鸿章参加恩科会试，曾国藩出任本科会试同考官。李鸿章虽然没有考中，但诗文却得到曾的赏识，他就感到李鸿章“其才可大用”。后来李鸿章在翰林院学习任职期间，仍常向曾请教。1853年，李鸿章之兄李瀚章进入曾国藩幕府，襄办湘军粮台，而李鸿章则回到安徽老家帮办团练，与太平军作战。但几年下来，本想大有一番作为的李鸿章却被太平军打得一败涂地，在走投无路的情况下来到江西投靠曾国藩。曾国藩对李鸿章的才识早有所知，但认为他性情不稳，妄自尊大，所以故意不见他。一个多月后，李鸿章又托人说情，曾国藩说道：李鸿章也是翰林，志大才高，我这里局面窄狭、只是一条浅沟，容不下他这条大船呀，他何不回京供职？经反复说情，李鸿章终在1859年1月入曾国藩幕，成为曾的幕宾。其实，曾国藩并非不想要他，只是想压一压他的傲气，让他办事沉稳一些。

在曾国藩幕府，李鸿章负责办理公文，起草书牍、奏章。曾国藩生活极有规律，每天很早就起床查营，然后在黎明时分与幕僚共进早餐，或谈一天工作安排或随意谈天说地。初到曾国藩幕时，比较懒散的李鸿章很不适应这种刻板的生活，觉得很辛苦。

一天早晨，李鸿章以头痛为名，想多睡一会儿，但曾国藩知道他是装病多睡，几次派人请李鸿章起来一起吃饭，但是李鸿章照睡不误。最后，曾国藩说必须等李鸿章到了才开饭，吓得李鸿章匆忙披衣前往。曾国藩吃饭时一言不发，饭后严肃地训诫他说："少荃，既入我幕，我有言相告，此处所尚，唯一'诚'字而已。"说罢便生气地拂袖而去，李鸿章"为之悚然"。

曾国藩素知李鸿章"才气不羁"，故对他要求格外严格，尽力雕琢，陶冶其性情，提高其品德。许多年后，李鸿章对人回忆说:"在营中时，我老师总要等我辈大家同时吃饭；饭罢后，即围坐谈论，证经论史，娓娓不倦，都是有益实用的话。吃一顿饭，胜过上一回课。"

在曾国藩领导下，李鸿章不但起草文牍，也参与重要军机。曾国藩任两江总督后，即成立左宗棠军、李元度军；攻下安庆后不久，又成立李鸿章的淮军。淮军是曾国藩的湘军扩张的产物，在镇压太平天国革命中发展壮大，并成为当时重要的武装力量。

1860年，英法联军攻占天津，直逼北京城下，咸丰皇帝在逃往热河途中命曾国藩派湘军精锐北上救援。接到命令后，曾国藩左右为难，举棋不定。北上"勤王"责无旁贷，但此时正是剿杀太平军的关键时刻，一旦抽掉精锐，于战局大有影响。

曾国藩急得几个晚上不能入眠，让下属每人提出一个方案，结果几乎都主张北上"勤王"，但只有李鸿章力排众议，认为英法联军已在北京城下，破城而入只是朝夕之事，调兵北上保卫京城已毫无意义，而且英法联军可以议和，真正威胁清王朝的还是太平军。他还进一步建议“按兵请旨”，静观局势变化。经过仔细权衡，曾国藩认为李说的确有道理，于是采用此议。果然，曾国藩不久就接到“和议”已成、不必北援的命令。此事使曾国藩对李鸿章更加器重。曾国藩对其评价道：“少荃天资与公牍最相近，将来建树非凡，或竟青出于蓝也未可知。”不久曾国藩保荐李鸿章组建淮军，升官为安徽巡抚。

平定太平军后，曾国藩巧使妙手，把湘军的资源交到李鸿章手中，李鸿章开始独立门户，为以后执掌晚清大权打下了基础。

# 第十三章 | 居官不败，政治是这样玩的

宦海浮沉，福祸难测。曾国藩一生为官，经历了无数的荣辱恩怨、是非风波，对于官场的体会自然不是一般人所能比的。有大局观，始终保持一个清醒的头脑，这是曾国藩为官之道的核心，也是我们每个人都应该时时提醒自己的！

## 当官以不爱钱为本

为官不贪是对做官之人的最基本要求。曾国藩说："当官以不爱钱为本，廉洁自律，方能上对得起天、皇上、国家，下对得起百姓、亲友、子侄。只要坚守一个廉字，就算做事偶尔有失公允，天也能谅。"

曾国藩认为，人无论有多贪婪，多富有，但只能居住一间房子，睡一张床。咸丰九年(1859年)六月，曾国藩奉清廷之命，前往四川，至武昌而止。是年，他的九弟曾国荃在家乡购置一座华丽的新居，前有辕门，后仿公署之制，有数重门。一时间，家乡的人议论纷纷。曾国藩得知此事后，立即写信给曾国荃，令他将

新居毁掉。曾国荃起初不以为然，曾国藩晓以情理，这位九弟才搬离新居。

官吏只有廉洁奉公，才能作为民众的表率，有效地行使自己的权力，为国家民众服务；相反，若贪赃枉法，则不仅不能服务社会，反而会成为社会的蛀虫。“廉”字不仅是儒家最重视的官吏德行，也是重要的政治道德。在儒家宣扬“忠、孝、悌、信、礼、义、廉、耻”八德中，廉是唯一的对官吏的道德要求。后来，人们更把“礼、义、廉、耻”视为“国之四维”，视其为维系国家生存发展的四大精神支柱。因此，明朝清官海瑞说:“公生明，廉生威。士不畏吾严而畏吾公，民不服吾能而服吾廉。”

古往今来，凡为官清廉、不贪钱财者，常以“两袖清风”自誉。曾国藩就是一个清廉无欲的人。

曾国藩三十余岁就已官至二品，不可谓不显赫，但他却不以读书做官、升官发财为人生目的，相反，他发誓做官不为财。

曾国藩的这一思想，源于他祖父曾星冈的家训。道光十八年，曾国藩考中进士，入翰林院。他十二月回家，贺客盈门，连日不绝。事后，祖父对他父亲麟书说:“宽一虽点翰林，我家仍靠作田为业，不可靠他吃饭。”

同治五年六月，曾国藩与九弟已封爵开府。曾国藩想起祖父一席话，便语重心长地对九弟说:“这一句话最有道理，从今当以此话为一生的教导。”曾国藩当然不是苦行僧，“不要钱”，指的是不贪、不要非分之钱。他说:“不贪财、不失信、不自是，有此三者，自然鬼伏神钦，到处受人敬重。”又说:“一般的人，都不免稍贪钱以肥私囊。我不能禁止他人的贪取，只要求自己不贪取。我凭此示范下属，也以此报答皇上厚恩。”“不贪财、不苟取”就是曾国藩的信条，他一生也的确做到了。

曾国藩时常自我反省，提醒自己戒骄戒奢，还常常以此教育弟弟与子侄。

有一天，魁时若将军与曾国藩谈心，说他家四代都是一品大官，而他家的妇女从没穿过绫罗绸缎。这给曾国藩很大震动，他反省自己：平日常常以“俭”字教人，而近来在饮食起居上却“殊太丰厚”，自家的妇女在穿戴上也过于讲究了。他“深恐享受太过，足以折福”。

曾国藩作为将相，每天吃饭，每顿饭只有一种蔬菜，绝不多设。饮食之简单达到常人难以想象的地步。曾国藩幼时贫寒，经历了许多艰辛，深知一粥一饭来之不易。他在京师做官时，俸禄不多，每年靠节省下来的钱伺奉高堂，日子过得紧巴巴的。

从这些可以看出，曾国藩非贪婪之人，并未凭借手中权力追逐自身的利禄，这种品德是应为世人所称道的。曾国藩能以“廉洁”为做官原则，不贪钱，不爱财，勤俭朴实，实在令人钦佩。

## 谨慎是官场的生存智慧

官场上很多事情难以预测，往往事与愿违。那么怎样才能保证自己有一个顺畅的仕途呢？曾国藩以自己多年身居高位的经验，认为居官要谨慎小心，越是位居显要处就越是要经常反躬自省，越是要讲究低调做人。唯有如此，才能更有效地保护自己。

曾国藩做两江总督时，家乡有位干爹与当地豪强发生了一场纠纷，吃了大亏。这位干爹是一位老实忠厚的倔强农民。老人家吃了亏不服，跑到衙门去告状，谁知衙门“认钱不认人”。老人家官司一输再输，一时咽不下这口气，差点上吊自杀。经同乡的老秀才指点，才想起向干儿子曾国藩求助。

老人家筹措了一些盘缠，就直往南京。刚到两江总督衙门口，老人家就被衙役拦住，不让进。因为南京两江总督府的衙役们根本不相信一个乡下老头会是总督大人的干爹。正在说话间，督署里传出讯令，总督大人要出门来。衙役们忙把这个老头儿推开，让他别挡住大门。老头儿就不答应，硬要站在门边，想仔细瞅瞅是不是干儿子出来了。

一会儿，一顶轿子出门了。老头儿人老，眼可没花，一眼就看见轿中坐的正是曾国藩。老头欣喜万分，操着家乡口音一声大喊："宽一！"坐在轿中的曾国藩猛然听到有人叫自己的乳名，忙叫轿夫停轿，下轿后他十分惊喜地说道："这不是干爹吗？您老人家怎么到这里了？"曾国藩赶快把干爹送到家中。

曾国藩夫妇摆下宴席，热情地招待远道而来的干爹，不住地询问他家乡的情况。老人家满腹委屈，来不及品尝美酒佳肴，赶忙对曾国藩说明了来意。曾国藩听后，温和地劝道："暂莫谈这个，你老人家难得到这儿来，先玩几天再说吧。"接着曾国藩把一个同乡衙役叫来，对干爹说："干儿公务在身，这几天不能陪干爹玩，就请他陪同你去玩吧，南京的风景名胜及热闹地方都去看看。"

但老人家根本无心游览，过了两天，再也忍不住了。这天晚上，他对干媳妇细说了来意，求她说说话，给衡州府打个招呼。欧阳夫人说："不要着急，除非他的官比你干儿大。你多玩几天再说嘛。"老人家听干儿媳一说，才放下心来。

几天后，曾国藩办完公事，欧阳夫人对他说起干爹特意来南京的事。夫人劝曾国藩："你就给干爹写个条子到衡州吧。"曾国藩听后叹气道："这怎么行呀？我不是多次给澄弟写信让他们不要干预地方官的公事吗？如今自己倒在几千里外干预起来了，岂不是自己打自己的嘴巴?"

夫人又说:"干爹是个老实人，你总不能看老实人受欺，得帮帮忙呀!"曾国藩思虑片刻:"好！让我再想想吧。"

第二天，正逢曾国藩接到奉谕升官职，南京城内达官显贵都来庆贺。曾国藩特意把干爹让到上席，敬酒时，曾国藩向大家介绍干爹，并极力推崇干爹为人忠厚，一生勤劳。文武官员一听，都起身致敬。曾国藩拿出一把折扇，说:"干爹执意要返家乡，我准备送干爹一个小礼物，诸位朋友，也请在扇上留个宝墨，以做纪念。"文武官员听总督大人一说，争相留名，不一会，折扇两面都写满了。曾国藩高兴地收好折扇，用红绫包好送给干爹。

席散后，老人家回屋不住唠叨:"宽一呀宽一，一张条子都不肯写，却要这么费事，在这个扇子上写这么多字，有什么用。"夫人一看折扇大喜道:"干爹，恭喜，恭喜!"老人家不高兴地说:"有什么喜事?"夫人悄声对老人家说道："这可是个好东西，你回家后，见到多大的官，拿出此扇都会有灵验，千万别把它丢了。"老人家听了，大喜。回到家里，老人家收拾一下，便手拿折扇去衙门见知府大人。知府一看到折扇，马上脸色大变，热情款待了老人家一番，他的官司自然也圆满地解决了。

这件事虽小，从中却可以看出曾国藩处事的智慧。

人一旦发达了，就容易成为众人注目的焦点，被人品评和算计。曾国藩为官几十年，深谙官场的险恶，即便是小事也要大费周章，谨慎处理，这是他做人做事的过人之处。

曾国藩深知官场多变，如有不慎瞬间就可招致大祸。因此他虽然官运亨通，从不以此自傲，还常常告诫家人为人要内敛，不可张扬。曾国藩对家庭的名望和声誉十分看重，为了保持这个家庭的名望和声誉，他可以说是殚精竭虑。

常言道，树大招风。由于家大业大，兄弟几人都在朝廷做大官，外面就有不少关于他们兄弟的传闻。曾国藩就不止一次地听说过对他们兄弟恶行的指责，他听了以后，不想秘而不宣，而是一一转告各位兄弟。或者直接责备，或者委婉相劝，希望他们有则改之，无则加勉。他还写了一幅有名的“八字联”作为座右铭：取人为善与人为善，忧以终身乐以终身。

曾国藩真可谓是处世高手，他能够几十年稳居高位，靠的正是这样高明的处世之道。

## 干好本分事，为政以耐烦为第一要义

权力与人生之间有一道屏障——它可以是有形的，也可以是无形的。曾国藩与一般人不同的是：他是站在人生的平台上看权力，而不是把持着权力摆弄人生。曾国藩为官非同一般之人，他并不把权力看成至宝，也不把权力看得轻若鸿毛。在曾国藩的书信中，我们能够在许多地方发现他关于为政做官的警示录——为政以耐烦为第一要义、为政不可倨傲、为政要有百姓心，等等。这是曾国藩当官也是做人的基本纲要。

曾国藩认为：居官以耐烦为第一要义。这是因为身在官场的人，都会遇到许多烦事，还必须要处理许多烦事。有的人处理一件烦事还可以，处理两件烦事也还凑合，但三件或三件以上的烦事就耐不住了；有的人遇到一件小的麻烦还可以，一旦遇到大的麻烦就挺不住了；有的人处理别人的麻烦事还可以，一旦自己遇到麻烦就受不了了。这样就有可能使自己心浮气躁，做出一些不理性的事情，给自己带来不利的影响。

做官要耐烦，第一件事就是要训练自己处事不急不躁、清醒。头脑清醒才能保持镇静，保持镇静才能稳住部下，稳住部下才能做出决断。不然的话，心急似火，性烈如马，只会使事态的发展更加混乱。

1862年，曾国藩率部追击捻军。一天夜晚，捻军突然来袭，湘军护卫仅千余人，故非常惊惧。幕府文书钱应溥急忙向曾国藩说："现在已经是半夜了，迎战肯定不行，突围恐怕也是危险重重。但如果我们按兵不动，装作不知道，敌人一定会生疑心，或许会不战自退。"曾国藩于是高卧不起，钱应溥也镇静若常。守护曾国藩的卫兵见主帅若无其事，于是也都平静下来，恢复了常态。捻军见状，果然怀疑曾国藩布有疑兵，徘徊不定，不敢冒进，最终匆匆撤去。

因此，曾国藩认为耐烦的好处就是从容平静，从容平静方能产生智慧，方可处变不惊，才能安稳如山。耐烦的第一件事就是训练自己处事不急不躁、无怨、清醒。曾国藩认为遇到急事，如果能沉下心来思考，然后不急不躁地把事情说清楚，会给部下留下稳重的印象，从而增加他人的信任度。

不但当官要耐烦，而且做任何事都要耐烦。人生在世难免会有许多坎坷，怨天尤人总不是办法，只有静下心来冷静思考、慎重处理才是根本之道。在曾国藩看来，古往今来的失败者，包括那些英雄，大都败在气度不够开阔、不能耐烦、不能控制自己的情绪上。他在给曾国荃的信中指出关键要抑制自己的情绪，不能随便发作。曾国荃在控制自己的情绪有所进步时，曾国藩便十分高兴。在曾国藩看来，一个人如果不能保持冷静的头脑，做出情绪化的事情来，是一种不成熟的表现。

俗话说，心急吃不了热豆腐。处事能做到耐烦，这主要来源于曾国藩平时对心性的修养。

早年的曾国藩也有控制不了自己情绪的毛病，一次他在家中为父亲祝寿，他的一个朋友前来助兴。吃饭的时候，两人因为一件小事发生了冲突，结果曾国藩对着这位朋友破口大骂，几乎忘了场合和身份。

曾国藩脾气最坏的时候，是咸丰皇帝免去他的兵权、回家守制的时候。这期间，曾国藩因为心情不顺，性情变得格外粗暴，经常因为小事而大骂自己的弟弟和弟媳妇。他在家的一年中，与曾国荃、曾国华、曾国葆都闹过别扭，而且这些别扭都是曾国藩挑起来的。曾国藩后来对这段经历感到十分后悔，尤其是第二年曾国华战死于三河镇，他更是陷入了深深的自责之中，认为正是他的坏情绪引起了这样的灾祸。此后，曾国藩下了一番力气来控制自己的情绪，并且逐渐改掉了易怒的毛病。

曾国藩曾经说:“吴竹如教诲我说‘耐’。我曾经说过做到了‘贞’，足够干一番事业了，而我所欠缺的，正是‘贞’字。现在吴竹如又教给我一个‘耐’字，其意要我在急躁浮泛的心情中镇静下来，达到虚静的境界，以渐渐地向‘贞’靠近。这一个字就完全能够医治我的心病了!”

同治九年五月，曾国藩做了一副对联：战战兢兢，即生时不忘地狱；坦坦荡荡，虽逆境亦畅天怀。这副对联，足以体现出曾国藩的为官哲学，也足以成为所有人的座右铭。

## 处理政务的“方圆变通”之术

古人为官非常讲究 “方圆变通”之道，历史上有很多精通此道而成就功业的，如诸葛亮、徐文远、曾国藩、刘墉、纪晓岚。也有一些因不精通此道而吃尽苦头，如唐代柳宗元等因严正刚直，藐视贵族，直言抨击官场丑恶，锋芒毕露，以致遭到种种报复和打压，最后被流放南方，方才觉悟：做人不可太直。

曾国藩的做人之道，隐含了“外圆内方”的哲理，认为人既要中庸、圆滑，同时又不能失正气、骨气，要坚持原则、保持独立的个性。

清朝皇帝对汉人始终怀有戒心，湘军将领胡林翼出任湖北巡抚后，清朝皇帝还任命满人官文为湖广总督，以对其实行监视。官文是满洲正白旗人，出身军人世家，年纪轻轻的便当了殿前蓝翎侍卫，屡迁至头等侍卫，出为广州汉军副都统，走的是满洲贵族子弟的特权道路，一帆风顺，青云直上。前任湖广总督杨霈被撤职后，他由荆州将军任上调湖广总督。官文吃喝玩乐样样精通，就是对打仗治民一窍不通，占着湖广总督的高位，什么事都不做，却又出于满人权贵防范汉人的本性，对胡林翼事事横加干涉，弄得他处处为难。这样一来，双方势必发生一些矛盾冲突。要在平时，这仅仅是官僚们个人之间的恩怨，但在当时的战争情况下，如果两人不和，湖北将全部落入太平军手中，湖南也将受到太平军的威胁，危及整个大局。

在十分关键的情况下，曾国藩致信胡林翼：江南汉人手握重兵，朝廷如何放心得下？官文名为总督，实是朝廷派到湖广监视汉人的耳目，告官文的状，只会徒增皇上的反感。让他给官文“面子”，如不是事关紧要，一定顺从，借其威重之名，方能行己之志。

胡林翼经此指点，立刻醒悟，改变了作风，针对官文特点，大施权术，力求既尊重官文钦差大臣和总督的双重权势，又不束缚自己的手脚。

不久，官文的六姨太生日，官文向武昌官员大发请柬，要为六姨太庆祝。谁知湖北大部分官员平日对官文都无好感，耻于为一个年轻的姨太太祝寿。生日这天，日上三竿了，还没人去。官文心里着急，六姨太委屈得嘤嘤哭泣。

将正午时分了，武昌城里的重要官员，仍无一人登门。官文为了面子，只得派人四处再请。正在这时，一辆绿呢大轿抬来，前面仪仗森严，后面跟着几辆花呢绣轿。一个家丁飞奔过来，递上一个名刺。管家接过一看，上面赫然写着湖北巡抚胡林翼的大名。管家喜出望外，连忙进府报告官文。官文欢喜异常，亲自到大门外迎接。胡林翼不但自己来了，还带来了老母和正妻以太太之礼，给六姨太送了一份厚礼。六姨太破涕为笑，在二门外恭迎胡家太夫人、夫人。

听说巡抚来庆贺官文六姨太的生日后，湖北藩司、臬司、粮道、盐道、汉阳知府、武昌知府等才全部来祝贺。六姨太得了一个全脸面，非常高兴。宴席上，胡太夫人、夫人尽选些好听的话恭维六姨太，把个六姨太喜得合不上嘴。临别时，胡太夫人又郑重邀请六姨太到巡抚衙门去做客，六姨太乐滋滋地接受了。第二天一早，胡家专门派轿子将六姨太请到巡抚衙门，胡太夫人、夫人设盛宴款待，陪着玩牌听曲，扯家常。六姨太自幼丧母，见胡太夫人这样喜欢她，便认胡太夫人为母。胡太夫人高高兴兴地收下这个义女，又叫她拜见了兄长胡林翼。胡太夫人还送给六姨太一副金镯金耳环金戒指，算是给义女的见面礼。

六姨太回府后，在枕边对着官文说起胡家母子的诸般好处。官文对这个娇媚聪明的六姨太向来百依百顺，果然从此不再为难胡林翼了，军事民事，全付与胡林翼一手办理，他只在上面画诺而已；而胡林翼也表面上对他恭敬顺从。武昌城里督抚关系之亲密，为全国之首。

曾国藩不但劝告胡林翼凡事以和为贵，自己也是这么做的。曾国藩为了消除朝廷的怀疑，减少人为设置的障碍，用满人挂名为湘军首领。后来打下南京时，论功请赏，他又把满人官文排在第一。

一个人的力量总是有限的，要想取得事业的成功，就应该善于借助各种有利条件，处理好“圆”与“方”的辩证关系，做到大事讲原则，小事讲风格，以诚待人，以理服人，以情感人，热心助人，厚德容人，从而增强自己的实力，为最后的成功奠定基础。这是曾国藩为官做人经常采用的方法。

## 多为“小民生计”着想

曾国藩以儒家的民本思想为政治原则，爱惜民力，主张仁政，认为政治的得失就在于是否能保证天下民众吃饱穿暖，人民是否满意。曾国藩处理“秦淮灯舫”一事，充分说明了他的居官原则。

秦淮河是古城金陵的繁华地带，在明朝出过马湘兰、李香君等一代色艺双全的名妓。1851年以后，清政府倾注兵力镇压太平天国运动，秦淮河一带受到战争的洗劫，日渐萧条。1864年，战争结束，秦淮河畔出现了昔日的画舫，慢慢出现了繁荣景象。六安郡的太守涂廉访，思想保守，对这些情形看不顺眼，便通令各县，严厉禁止秦淮河的画舫灯船，并把此事的处理结果禀报了时任两江总督的曾国藩。

曾国藩听了以后，不置可否地笑了笑，对涂廉访说道："听说淮河灯船，尚寥落如星辰。我多年前曾过此处，只见千万船只，来往如梭，笙歌之声，彻夜不绝，实在是太平年代的一大乐事啊！"涂廉访听了以后，好比当头浇了一盆冷水，快快而回。

过了几天，曾国藩约了幕府中的各位官员，共同乘船游览秦淮河，并命江宁、上元两个县的县令，设宴款待太守涂廉访。席间，曾国藩风趣地对大家说："三十年前，我是心想游弋而不敢游弋；三十年后，我是心不想游弋而不禁别人游弋。"停了一会儿，他又说道："三十年后的今天，我身为两江总督，处理政事不能凭一己之好恶，一定要为金陵百姓恢复一个游乐场所，并重建一个人文荟萃的江南名城。"

曾国藩对秦淮灯舫所抱的以民为先的态度，对幕府中的官员启发很大，最受教育的还是太守涂廉访。他撤销了原来的禁令，并采取积极措施，修复鸡鸣寺、莫愁湖、胜棋楼、扫叶楼，恢复了许多六朝旧迹，使龙盘虎踞的石头城再放异彩。曾国藩不禁秦淮灯舫的举措，在金陵引起了强烈的反响。一时，各地商贩云集秦淮河畔，富商大贾携眷游玩，金陵又恢复了繁荣昌盛的景象。

**曾国藩把儒家思想的施政方案和自身的感受结合起来，在其为官思想中首先主张以民为本，体恤民情。曾国藩洞悉清代的政情利弊，总结各个时期的经验和教训，非常注重整顿吏治。**

晚清官场的腐败是人所共知的，当时中国之所以积贫积弱，除了清王朝无能以外，主要原因就是各级官吏普遍腐败。因此，曾国藩调任直隶总督后发现由于吏治腐败，再加上连年战争，民事刑事案件无人处理，积压的案件竟达一万二千余件。保定府衙，仅由朝廷交下来处理的重大案件也达一百三十余件。案件积压之多，实在是惊人。曾国藩在奏折中说："臣入境以后略询民间疾苦，大约积狱太多，羁累无辜。闻有州县到任年余，未曾升堂一次，讯诘一案者。又因连年用兵，差徭甚重，大户则勒派车马，供支柴草；小户则摊派钱文，掳充长夫。劣绅勾通书役，因缘讹索车辆，有出而无归。贫户十室而九逃。”于是，他打算一改在江南实行的宽厚政策，严格管理官吏。在曾国藩看来，直隶官场“风气之坏，竟为各省所未闻”，因此，他到任后大力整顿吏治。

曾国藩在直隶颁布了《直隶清讼事宜十条》及《直隶清讼限期功过章程》，这距他接印视事，仅有一个月的时间。《直隶清讼事宜十条》规定：通省大小衙门公文宜速。曾国藩说，现在军务已过，一定要“力挽积习，与诸君子舍旧图新”，“通省上下皆以勤字为本”。凡是上司要下属查明或办理的事，都要明定期限，违限记过，凡小过达到六次、大过达到三次者，就要撤差撤官。

经过整整一年的艰苦努力，多年的积案终于清理完毕。到同治九年二月初二日，也就是曾国藩接直隶总督印一年后，曾国藩奏报说，已经结清了同治七年（1868年）以前的旧案一万二千零七十四件，同治八年以来的新案二万八千一百二十一件；现在旧案只剩九十五件，新案只剩二千九百四十一件。在清理积案的过程中，有不少官员出了力，也有些官员懒惰或办事不力。对于办事得力的当然要奖励，积案清完，曾国藩奏请奖励的官员有二十九名，其中有的加衔三级。对于贪污腐败、草菅人命或不胜任职务的官员，曾国藩在1869年一年之内弹劾了十九人。曾国藩任直隶总督只有一年多的时间，吏治已有明显好转。

曾国藩为官始终有自己的原则，身为一国重臣，对国家始终忠心耿耿，尽忠职守；对部下，他赏罚分明，治理有方。正由于此，曾国藩实现了立功、立德、立言“三不朽”的事业，被誉为“千古第一完人”。

## 公私分明，防止家人败坏自己的名声

古人云：“公私分明，官之幸也，国之兴也；公私不明，官之害也，国之败也。”曾国藩在为官中最讲公私分明，反对家人以公济私，干涉公事。如他曾劝父亲、叔父、弟弟莫管公事。他在给父母书中说：“我家既为乡绅，万不可入署说公事，致为官长所鄙薄。即本家有事，情愿吃亏，万不可与人构讼，令官长疑为倚势凌人。此门一开，则求者踵至，必将日不暇给，不如一切谢绝，杜门谢客。”曾国藩为人处世严于律己，对家人也要求甚严。

早在道光二十五年，曾国藩在给楚善叔的信中，劝叔叔们“莫进县城，莫管公事”。他说：“为蒋市街曾家说坟山事，长寿阉和尚说命案事，此虽积德之举，然亦是干预公事。”

道光二十五年，曾国藩得知父亲曾麟书在家到处为人家去官府说事，常跑省城、县城，便立即写信给叔父请他劝阻。信中说“侄现在京四品，外放即是臬司。凡乡绅管公事，地方管外面应酬，实在为人所厌恶。以后无论何时，望劝父亲总不到县，总不管事，伏求堂上大人鉴此苦心，侄时时挂念独此耳。”曾国藩叔父接到信后，不仅耐心规劝其兄不宜过问公事，而且严格督教在家的侄辈不要到县里、省里去干预公事。他有家书嘱咐诸弟“切不宜干涉军政，恐无益于世，徒损于家。宜常存敬畏，勿谓家有人做官，而遂敢于侮人”。

曾国藩还告诫子弟不要拉关系、走后门。儿子曾纪鸿中秀才后，数次参加岁考科举，都不顺利。同治三年，已是大学士的曾国藩，寄信叮嘱纪鸿说:“尔在外以‘谦谨’二字为主。世家子弟，门第过盛，万目所瞩……场前不可与州县来往，不可送条子。进身之始，务知自重。”

不过尽管曾国藩家教极严，但不听劝告、我行我素的家人依然不少，尤其是其四弟曾国潢，在乡最为跋扈，颇为人们所怨恨。

曾国藩裁撤湘军后，一些人员返乡后参与了哥老会的起义。曾国潢在乡，不仅为剿杀哥老会卖力，而且地方有什么“憎恶”人，他就捆送县府杀掉。因为曾国藩的面子，县府不敢不从。有时捆送五六十人，也很难有几个生还的。当时的湘乡县令熊某，是个佛教徒，不答应又害怕他的权势，答应了又于良心不安。所以每接到要他杀人的手令，总要躺在床哭几日。友人问他哭什么，他回答说:“曾四爷又要借我的手杀人了!”

曾国藩对其弟在家中的所作所为也有所闻，他曾写信给弟弟曾国潢，在信中反复嘱咐他要善待亲族邻里。曾国藩对弟弟说:“祖父常说:‘人待人，无价之宝。’人与人的关系，是息息相关的。牡丹虽好，绿叶扶持。假若与亲族邻里不能好好相处，迟早是要毁败的。”但曾国潢不听哥哥的劝诫，照样作恶乡里。

1857 年，曾国藩回家奔父丧，乡里来诉苦的人甚多，曾国藩极其难过，在家寝食难安，思来想去，希望能找到一个惩教弟弟的好办法。

一日，曾国潢正在床上睡午觉，曾国藩看着呼呼大睡的弟弟，想了一个办法。他回到房内向夫人要了一个锥子，对准曾国潢的大腿猛刺。曾国潢一声惨叫，跳了起来，大声对哥哥喊道:“痛死我了，痛死我了!”曾国藩厉声喝问:“我只用锥子刺了你一下，你就喊痛，你滥杀无辜，被你杀的人痛不痛呢?”

曾国潢面对哥哥的质问无言以对，从此以后大为收敛。这次教训让他铭记于心，在其后再未见有滥杀无辜的情形。

曾国藩为人谦虚谨慎，为官多年，无论是对人对己，都谦虚相待，没有半点傲慢的样子。正是这种谦虚谨慎的美德，使曾国藩在官场上左右逢源，应对自如，始终处于不败之地。

# 第十四章 | 花香半开、酒饮微醉——名利二字，看淡一些留后富

曾国藩为人臣，淡然面对官场进退；为人子，奉先思孝；为人兄，爱之以德；为人夫，款款柔情；为人父，谆谆教诲。正是这些，使得他能在官场中洁身自爱，不染官僚之风。历史上很多官宦人士，功成名就的最终结果都是“狡兔死，走狗烹”，但是曾国藩却能独树一帜，运用自己的智慧脱离这种厄运，曾国藩的不凡智慧，实为千古模范！

## 放下功名一身轻

翻开中国史册，常见到这样一些故事：共患难易，共富贵难，功高震主者更是自身难保。历史上，鸟尽弓藏、兔死狗烹的故事屡见不鲜。曾国藩官场沉浮几十年，深明其中道理，他急流勇退，不贪荣禄，主动裁减湘军，得以全身而退。

1862 年 9 月，曾国藩指挥其弟曾国荃攻陷安庆。朝廷加曾国藩太子少保衔，命其统辖江苏、安徽、江西、浙江四省军务。曾国藩以安庆为大本营，命曾国荃部沿江东下，直逼天京，命左宗

棠部自江西进攻浙江，命李鸿章部自上海进攻苏南，对太平天国实行战略包围。

10月，湘军与李秀成等部数十万太平军在天京城外激战，持续围困天京。至1864年7月，终于攻破天京城池，完成了对太平天国的镇压。朝廷褒功，封曾国藩为一等毅勇侯，加太子太傅，赏双眼花翎。在镇压太平天国农民起义的过程中，曾国藩立下了赫赫战功。攻克天京以后，曾国藩手握重兵，控制了江南的半壁江山。但他心里很明白：自己手中的军事实力过于强大，很可能会招致杀身之祸。

当时曾国藩与清廷的关系也变得微妙而紧张起来。因为当时湘军总数已达三十万，仅曾国藩直接指挥的军队就有十二万之多，这是一支只听命于曾国藩的私人武装。清政府对手握重兵的曾国藩深感不安，开始提防他。

如此，摆在曾国藩面前的是两条路：一是带着这支军队反清，取而代之；二是撤散湘军，自解兵权。第一条路，依照曾国藩的力量，有条件夺取清朝天下，但曾国藩始终以传统的忠孝思想约束自己，不愿被后世人戴上乱臣贼子的恶名。当时投降曾国藩的李秀成在狱中写了五万多字的自供状。供状里力劝曾国藩称帝，自成一代霸业。曾国藩不敢如此，那就只有第二条路可走了。曾国藩在给朋友、家人的书信中，多次流露出“辞荣避位”的想法。他曾写信劝手握重权的弟弟曾国荃说：“功成身退，愈急愈好”，“不居大位享大名，或可免于大祸大谤”。最终曾国藩隐忍让步，保全晚节。

同治三年（1864年）七月初七，即攻破金陵第二十天，曾国藩上《贼酋分别处治粗筹善后事宜折》，提出：“臣统军太多，即拟裁撤三四万人。”七月十三日，遣撤曾国荃部二万五千人，同日并撤萧庆衍全军九千人。十月中旬，奏报裁军二万余人。到同治五年夏，除水师改编为长江水师，陆军尚留下鲍超、刘松山万余人外，其他曾国藩直属湘军先后撤裁完毕。其后，鲍超部亦解散，仅留刘松山部奉命支援陕西，不再隶属曾国藩。曾国藩裁撤湘军，用了不到三年时间，如此彻底的撤军，清廷的畏忌心理自然消除。

同治三年，曾国藩被加封太子太保衔，赐封一等侯爵，实职为协办大学士、两江总督。同治六年五月，诏授体仁阁大学士，官至极品，位列宰辅。同治七年十二月到次年正月十七日，慈禧太后在一个月时间内四次召见曾国藩，纵谈练兵、选将要务。当曾国藩入朝时，千官瞩目，人人想望其风采。这年正月十六日，太后赐群臣宴，满员以倭仁为首席，汉员则以曾国藩为首席。曾国藩的声名，至此可说达到巅峰。

曾国藩明白居高必危的道理，担心历史的悲剧在自己身上发生。在平定太平天国后，曾国藩常游玩于秦淮河畔，以示及时行乐，并无雄心大志，从而使政敌不再虎视眈眈，也乐得半生闲散，免受风摧晚年。可见，曾国藩在功高震主的情况下能保全性命，保全名节，其为官做人智慧已达到炉火纯青的地步。

## 治家应以安贫乐道，盛时思衰为宜

曾国藩一贯主张“盛时常作衰时想，上场当念下场时，富贵人家，不可不牢记此二语也”。人的职位越高、功名越大，越容易得意忘形，所以一定要低调谨慎，居安思危。曾国藩之所以受到一个多世纪以来众多名人的崇拜，与他善收晚场有很大关系。

曾国藩始终有自己的官场哲学，他从不与人争名逐利，不居功自傲，不狂妄自大。在曾国藩家书中可以清楚地看到这一点。曾国藩就曾国荃与李鸿章抢功一事，寄书说："何必占天下之第一美名哉？功不必自己出，名不必自己成。"应"总以保全身体，莫生肝病为要"，以图更为长远之计。他说："窃意居今之也，要以言逊为宜。有过人之计，而口不自明；有高世之功，而心不自居，乃为君子自厚之道。"曾国藩一生受后世敬服，很少受朝廷弹劾和下属参奏，这就是秘密之所在。

1860年，慈禧当政只十八天，便命曾国藩于钦差大臣、两江总督之外，统辖江苏、安徽、江西、浙江四省军务，所有四省巡抚、提督以下官员都由他管制。同时，曾国荃也以记名按察使"赏赐头品顶戴"。身受这种殊遇，曾国藩的思想是复杂而矛盾的。一方面他深感圣恩，他在给其弟的信中说道："前此骆、胡、王、薛诸人，皆以巡抚赏头品顶戴，今弟以记名按察使获此殊荣，宜如何感激图报？"另一方面，曾国藩深知身居高位的危险，况且自己手中又握有重兵；利则以此立身，弊则招致杀身之祸。曾国藩在一些家书中偶然有得意之情流露，更多的则是警惧，他写道："予自（十一月）十五至二十二日，连接廷寄谕旨十四件。倚畀太重，权位太尊，虚望太隆，可悚必畏！""日思家运太隆，虚名太大，物极必衰，理有固然，为之悚惶无已。读陶诗《饮酒》诸篇，为之心折。"

曾国藩虽然有感于陶渊明的《饮酒》，但是并未仿效陶渊明隐居山林，但他变得十分注重自我克制，特别注意调剂自己和清廷之间的关系。

天京之役中，湘军冲锋在前的是曾国荃的部队，曾国荃智勇双全，敢为人先，精力充沛，但也有些恃才放旷、居功自傲。曾国藩深知其弟的为人，他战功愈大，曾国藩就越担心。因此，在世人瞩目的天京之战上，曾国藩反复劝导，提醒弟弟要小心为人，谨慎为人。天京攻克后，曾国藩面临大功后的政治危机，为明哲保身，在战后立即裁减湘军，并劝国荃与少荃不要抢功。

曾国藩作为国家重臣，在功高震主之下仍能身名俱泰，关键在于他熟读史书，树立了正确的从政观，看淡权力的得失，善于以退让换平安，恪守臣道。在肃清肃顺后，慈禧就曾感叹地说曾国藩为“天下第一正人”。

曾国藩在三十岁的时候，就将易经读通了，并把易经的阴阳调和思想作为自己的思想基础。古来成大功大名者长寿的少，他时常提醒自己要注意“富贵常蹈危”这一残酷的历史教训，十分清楚“日中则昃，月盈则蚀”这种古朴的变易规则。因此，他常说:“盛时常作衰时想，上场当念下场时。”

曾国藩取得天京战役的成功，算是功成名就，但回顾历史，对历代官员的荣辱浮沉，让他更有“大约凡做大官，处安荣之境，即时时有可危可辱之道，古人所谓富贵常蹈危机也”的担忧。曾国藩说:“平世辞荣避位，即为安身良策；乱世仅辞荣避位，尚非良策也。”因此，曾国藩一方面自动解除兵权，另一方面继续在朝廷供职，这是曾国藩“盛时常作衰时想”的体现。裁军不辞官的高明之处就在于曾国藩的非凡预见，也是让他能终善其身的明智做法。

曾国藩“辞荣避位”的思想，反映出来的也就是不争名夺利的人生态度。曾国藩深受儒家入世思想的影响，角逐功名，治国平天下，但他也受老庄出世思想的影响，委曲求全，明哲保身。当他叱咤风云时，俨然一儒者；当他功成身退时，仿佛一道家。正是这种审时度势的圆融智慧，使他左右逢源，功成名就。

后代许多名人都对曾国藩推崇有加。毛泽东说:“愚于近人，独服曾文正”，他认为，历史上能“办事兼传教”的只有两人，即宋代的范仲淹和清代的曾国藩。他高度评价曾国藩说:“曾国藩是地主阶级中最厉害的人物。”蒋介石在20世纪二三十年代将曾国藩尊为“老师”。他说:“曾国藩自己成功，也让别人成功；自己发达，也让别人发达。别的姑且不论，仅此一点，就足以作为我们的老师。”

## 以和为贵，家和万事兴

曾国藩家庭观念非常重，在处理家事时主张家和万事兴。曾国藩有四个弟弟，大弟曾国潢，二弟曾国华，三弟曾国荃，四弟曾国葆。他对这四个弟弟关怀备至，因战事关系，对九弟曾国荃（家族中排行第九）尤为关心。曾国藩兄弟五人有四个上了战场。曾国华战死三河镇，曾国葆病殁天京围，以曾国藩、曾国荃成就最大。曾国藩家书致曾国荃最多，曾国荃勇猛有加但狂妄至极，曾国藩既为他高兴又为他担心，百般维护，甚至一度要自我牺牲，退出仕途，以成全曾国荃的发展。曾国藩的另一个弟弟曾国潢则长期操持家事，解除了兄弟们治军从政的后顾之忧。

人们常用“情同手足”来形容关系之近，但真正的“手足兄弟”应如何相处呢？曾国藩认为应该是“德业相劝，过失相规”。他是这么说的，也是这么做的。曾国藩对弟弟的教育，从学问、人品、军事、性情、养生、治家等，大小事情都要过问，他常常担心弟弟年纪小，如不多给他们帮助，唯恐发生什么事情，对不起祖宗。

曾国藩为人光明磊落，总是能将心中的想法与兄弟和盘托出，以此获得兄弟的理解、信任与支持。弟弟曾国华对他误解很深，曾国藩对他以诚相待，从不回避这种误解。但是曾国藩也从不为了兄弟表面上的团结，看着兄弟有错也睁一只眼，闭一只眼。曾国藩认为自己身为曾门长子，对弟弟的成长、发展担负有不可推卸的责任。因此，曾国藩一生对弟弟的教导、劝诫是很有耐心和忍性的，他一生花在四个弟弟身上的功夫和心血，并不比用在自己的两个儿子身上少。

在五个兄弟之间，曾国藩和曾国荃最为相知，这不仅因为曾国荃在战场上出生入死，还因为他与兄长最能交心谈心。

有一次，曾国荃在信中谈了很多自己不开心的事，但又遮遮掩掩，没有具体说是哪一件事，曾国藩敏锐地猜测：大概弟弟担心挨训。于是，曾国藩很诚恳地对弟弟说："你对咱家有大功劳，对国家也有大功劳，我哪有不感激、不爱护的道理？我对自己的部属都是仁义谦让，难道对自己的弟弟反而会刻薄吗？也许我们之间确有些小误会，但那不过是意趣不合罢了。弟弟你立志做事，颇近似于春夏发舒之气；我立志做事，颇近似于秋冬收敛之象。弟弟你以为扩散舒展才会生机旺盛，哥哥我认为收敛沉稳才会生机勃勃。我平时最喜欢古人所说的'花未全开月未圆'七个字，我认为珍惜福祉、保全安康的道理和方法没有比这更为精当的了。我曾多次用七个字来教诫霆字营的统领鲍超，不知道他和你谈到这些没有？"

"我们的祖父星冈公，过去待人接物不论贵贱老少，全是一团和气，唯独对待子孙侄儿则异常严肃。遇到佳令时节，更为严厉。这大概就是一种收敛之气，目的在于使家中欢乐，不至于恣肆放纵。这番苦心不知兄弟你是否会领会。"

曾国藩教弟虽严，却对他们倍加照顾。他十分看重兄弟间的谦让、帮助，认为只有学会互相谦让、互相帮助，才能共患难、同甘苦，共同发展，共同进步。一次，曾国荃一下子给哥哥提了很多意见，最大的意见是说曾国藩在兄弟骨肉之间，不能营造一种生动活泼的气氛，不能使他们心情舒畅。曾国藩在一边倾听，他们一直聊天夜至二更。曾国藩的可贵之处在于他能虚心接受他人的批评，并不因为自己是兄长就以势压人。只要他人说得入情入理，就能接受。曾国藩这样做，无损于他做兄长的尊严，反而使曾国荃产生了一种亲切之感。

曾国藩说："家和则福自生。如果在一个家庭中，哥哥所说的话，弟弟没有不听从的，弟弟所求的事，哥哥没有不应承的，一家融洽相处，和气蒸蒸，像这样的家庭不兴旺发达，从没有过；相反，兄弟之间相互争斗，婆媳之间彼此争执，夫妻之间两相计较，像这样的家庭就往往会衰败。"

和睦的家庭是事业成功的依托，只有人和，才能聚集全部精力投入事业，发挥才思，有所成就。因此，曾国藩特别看重兄弟感情。

## 百事孝为先，孝道乃做人之本

中国是礼仪之邦，讲伦理道德，又最重"孝"字。曾国藩号称"中国最后一位大儒"，自然以孝敬双亲作为立身进业的首要义务。曾国藩首先从自己做起，他终生奉行孝道，不仅孝敬父母，而且孝敬叔伯等长辈。

曾国藩不仅带头事亲至孝、以身垂范，而且反复告诫家人：

"于'孝悌'两字尽一分便是一分学，尽十分便是十分学；何不日日在'孝悌'两字上用功……务使祖父母、父母、叔父母无一时不安乐，无一日不顺适；下而兄弟妻子皆蔼然有恩，秩然有序，此真大学问也。"

曾国藩的祖父曾星冈，年老时身患瘘病，行动不便，又说不出话，生活十分不方便。儿子曾麟书孝顺至极，日夜侍奉他，曾星冈要东西，用眼睛示意；不舒服时，就皱皱眉。曾麟书心事细腻，常常在父亲想到之前就想到了。曾星冈每晚小便六七次，人又很自尊，常不愿仆人帮忙。曾麟书衣不解带地在一旁侍奉，一看见父亲要起来，赶快就将器皿放好。待一会儿工夫，再走过去，从不让父亲觉得难堪。冬天大便，让别人帮忙搬动父亲的身体，曾麟书就在旁边挡住，父亲身上弄脏一点马上就换洗。父亲病了三年，曾麟书没睡一夜安稳觉，这与人们所说的"久病床前无孝子"恰好相反。

榜样的力量是巨大的，曾国藩为人恪守孝道，与他父亲的孝顺和良好的家教是分不开的。

曾国藩长年在外，在家时间很短，但从来不忘孝敬双亲。他在京城做官时，总是经常写信回去告诉父亲自己的现状，让父母不必担忧。每次写信给父母，开头总是："男国藩跪禀父亲母亲膝下"或"男国藩跪禀父亲母亲万福金安"，末则写上"男谨禀"或"男谨呈"。从这里可以看出曾国藩即使远在千里，对父母也是孝心备至的。由于远离家乡，自己不能对久病在床的祖父尽点孝心，在家书中他说："敬悉祖父大人病体未好，且日加剧。父、叔率诸兄弟服侍已逾三年，无须臾之懈，独男一人远离膝下，未得一日尽孙子之职，罪责甚深。"他除了常写信回家向父母问安，也常要求兄弟、子侄写信汇报父母的身体状况。

中国传统的“孝文化”认为，对长辈的孝是“修身、齐家、治国、平天下”之本，对父母能尽孝的人，才能对君主尽忠，才能对兄弟尽悌，才能对朋友尽信，才能对儿女尽爱。

远古帝王虞舜之孝感动天的故事家喻户晓：相传舜的父亲瞽叟及同父异母的弟弟象，多次想害死舜。让舜修补谷仓仓顶时，从谷仓下纵火，舜手持两个斗笠跳下逃脱；让舜掘井时，瞽叟与象却想活埋他，还好舜及时挖地道才得以逃脱。事后舜毫不嫉恨，仍对父亲恭顺，对弟弟慈爱。

他的孝行感动了天帝。舜在厉山耕种，大象替他耕地，鸟雀代他锄草。帝尧听说舜非常孝顺，有处理政事的才干，把两个女儿娥皇和女英嫁给他；经过多年观察和考验，选定舜做他的继承人。舜登天子位后，去看望父亲，仍然恭恭敬敬，并封象为诸侯。

曾国藩饱读经史，受儒家传统文化熏染颇深，三纲五常在他的心目中占有非常重要的地位。他也非常重视处理家族成员之间的关系，注重对子女的教育，强调以孝悌为本，把“孝友传家”作为自己家族的优良传统，也就是提倡“父慈子孝，兄友弟恭”。曾国藩希望通过这些准则来规范家庭成员的行为，进而达到家族的团结和睦，从而使家族长盛不衰、香火永传。

曾国藩总希望自己能多为父母做一些事情，以此来报答父母。他在京城做官时，得知母亲想买一个丫头，马上写信表示支持，并从自己很少的收入里挤出五十两银子寄给母亲。

祖父年龄大了，身体不好，他给祖父买了一件黑狸皮褂，用以御寒，又担心家人不会保管皮褂，因此特地写信说：“闻狸皮在南边易于回潮，黑色变为黄色，不知信否？若果尔，则回潮天气须勤勤俭视，又凡收皮货，须在省城买‘潮老’(指防潮剂)，其色如白淮盐，微带黄色，其气如樟木。用皮纸包好，每包约寸大，每衣内置三四包。收衣时，仍将此包置衣内。又每年晒皮货晒衣之日，不必折收，须过两天。待热气退尽乃收。”这样细微的事情，曾国藩也要再三叮嘱，可见他对父母的孝顺并不是装装样子，而是时时将父母放在心间，处处为他们着想。

在中国传统文化中，“孝”占有极为重要的位置，且凡成功人士，都是孝顺的典范。曾国藩认为“贵体孝道，推祖父母之爱以爱叔父，推父母之爱以爱弟之妻妾儿女’。曾国藩忠实地做到了这一点。

## 家因奢侈而败，因俭朴而兴

曾国藩出身贫穷，深知财产可帮人也可害人的道理。他为官一生，以清廉著称，虽然没有很多财产，但也不是贫寒的人。很早的时候，他就在思考如何处理财产的问题，这种想法来自于祖父曾星冈。曾星冈在世时认为那些喜欢积攒私财的行为是败家之兆。曾国藩对祖父的看法十分赞赏。他认为，给子孙留下万贯家财，不如教子孙走正道，让子孙学会一些谋生的技能，让他们自食其力。

因此，曾国藩为人遵循勤俭二字。他认为勤就像天地之间的阳气，立身居家，做官治军，都依靠阳气支持，勤劳才会兴旺，懒惰便会衰败；而俭可以端正风气，可以带来后福。

曾国藩长期位居高官，家人并没有因他而富足。在同治元年五月二十七日，曾国藩曾写信给儿子纪鸿，说：“我虽位居将相，但所有衣物不值三百两银子。愿你们能维持俭朴的作风，也是珍惜幸福的方法。”咸丰八年五月初五，曾国藩写给其弟一封信，尤为恳切地说道：“我在外面做官没往家中寄去银两，实在是因为在出仕之初，默立下此誓言：不要钱，不怕死。我不想破坏自己的志向，但是父亲在家，贫困窘迫，没法生活，我至今都感到痛心。”由此可见，曾国藩为官清廉，一生节俭。

曾国藩深知由俭入奢易，由奢入俭难的道理。曾写对联一副“惜衣惜食，不唯惜时兼惜福；求名求利，但知求己不求人”。并且让子孙把朱子的《治家格言》作为必读的课本。曾国藩一生持俭有恒，终身不渝，让人看到了他不为利禄所累的一面。他教训子孙后代也是如此，他说：“所有的人都希望子孙做大官，我不希望你们做大官，只希望你们成为读书明理的正人君子，勤俭持家，学会劳动，学会吃苦，这样方能称为君子。我做官二十年，不敢沾染官场奢侈糜烂的风气。吃饭居室，依然保持本来的家风。异常节约也可，稍有盈余也行，太过丰盛我不敢过。但凡官宦之家，由俭入奢易，由奢入俭难。你们年纪尚轻，一切都不可贪慕奢华，不可养成懒惰的习惯。无论国家还是小家。如果士、农、工、商都勤劳苦干，俭朴节约，没有不兴旺的；反之，如果骄养奢侈，懒惰不思进取，则没有不败的。”

曾国藩认为遗产过多容易滋生后代骄奢淫逸的思想，由此他提出了“遗产不可过多”的主张。曾国藩一生为官清廉，从不利用手中职权为子孙后代敛集财富。他常常告诫自己的子侄，让他们不要有依靠父辈、继承万贯家业之心，要学会自立。

曾国藩在《致澄弟》中说道：我觉得我们弟兄身处这样的时代，名声远扬，应以钱少、产业少为好。一则可以平日里避免别人看了有掠取的想法，时局动荡的时候也可避免遭抢掠；二是子弟之辈看到家中窘迫的状况，也不至于一味讲究奢侈了。纪泽母子八月间就能回湘乡，各方面请老弟费心照料。早、扫、考、宝、书、蔬、鱼、猪八个字，是我们曾家历代的立家之本。我从嘉庆末年到道光十九年，见到祖父星冈公每天生活守常规，不改这个规矩。不相信医药、堪舆、和尚、巫师、祷祝等事，这也是老弟都曾经亲眼见过的，我辈者能认真遵守家风，则家道便可多支撑些年，望老弟率纪泽及各位侄儿切实做好。家中木器还不齐备，请老弟帮兄购置一些，不要超过三百两银子，家具只求结实耐用。不图雕花镂图，但油漆要好一点，这样能经久耐用，房屋不求华美，周围要多种竹木松柏，多留些地做菜园，即使占去一些田地也不要紧。”

曾国藩常训诫子侄要以种田作为永远的家业命脉，只要这根命脉不断，曾家的人就不会受穷、受苦。家族的兴旺与发达，不能倚仗一时的官爵，如果子孙后代不思进取，懒惰懈怠，再大的家业也会瞬间耗空。曾国藩认为，简朴的耕读之家，其子孙能自食其力，努力读书，这样的家族可以延续五六代，而孝友之家则可延续十代、八代。

俗话有“败家子”这么一个称谓。而什么是败家子呢？通常是指那些好吃懒做、游手好闲、挥霍家产的人。这类人一般都不知父辈当年闯荡的辛苦，成家立业时经历的磨难，因此，不能体会到钱财的来之不易，加上家庭条件优越，养成一副骄奢气象，往往大手大脚、挥霍无度。人们对这类人通常嗤之以鼻、不屑一顾，并以此教导自家子弟。历史上由于奢侈而丧国败家的例子很多，比如《红楼梦》中的四大家族，权不可谓不重，位不可谓不尊，财不可谓不富，就因整个家族不知节俭，挥霍奢侈，最终财去人空，落个衰败的下场。可见，无论是大家还是小家，无论是官家还是农家，无论是手工之家还是商贾之家，如果勤劳俭约，就没有不兴旺的；如果骄奢倦怠，就没有不衰败的。

所以，博览群书的曾国藩，把古代“俭以养德”的榜样和楷模尊为偶像。在他的家训中，除了强调一个勤字外，还时时不忘一个俭字。“俭而不奢，家道恒兴；俭而不奢，居官清廉。”这是曾国藩谆谆告诫子弟的家训。

## 腹有诗书气自华，最是书香能致远

曾国藩认为一个家族能够兴盛不衰、人才辈出，离不开好的家族传统。

自古以来，中国人就信奉“不学诗，无以言”，以“耕读传家”为高尚家风，以“学富五车”为不懈追求，读书像血液一样融入生活，凿壁偷光、囊萤映雪、头悬梁锥刺股、孟母择邻断杼的故事家喻户晓，李白铁杵磨成针、司马光警枕励志、范仲淹断齑划粥、宋濂冒雪访师的事迹千古传诵。现在在许多古旧住宅的匾额上，我们还能容易看到“耕读传家”这样四个字。耕读传家在老百姓中可谓流传深广，深入民心。耕田可以事稼穑，丰五谷，养家糊口，以立性命。读书可以知诗书，达礼义，修身养性，以立高德。所以，“耕读传家”既学做人，又学谋生。这里所说的“读”，当然是指读圣贤书，为的可不是做官，而是学“礼义廉耻”做人的道理。因为在古人看来，做人第一，道德至上。

曾国藩认为官宦人家的子弟骄气，盛气凌人而不肯实干，因而很难有大的作为；商贾人家的子弟多奢侈，往往沉溺于享乐之中，也很难振作精神干一番事业；工农家庭的子弟由于社会地位低微，生活范围狭窄，虽多朴实却被限制了眼界；读书人家庭虽知书明理、眼界较宽，却往往缺少吃苦耐劳的品德。比较下来，似乎只有半耕半读或半工半读家庭的子弟，比较有出息。因此，曾国藩告诫子孙：“不望代代富贵，但愿代代有秀才。秀才者，读书之种子也，世家之招牌，礼仪之旗帜也。”

曾国藩曾与曾国荃同时封爵开府，家门极盛，但他明白这样是很难长久的。他在写给弟弟的家书中指出：“家道的长久，不是凭借一时的官爵，而是依靠长远的家规，不是依靠一两个人的突然发迹，而是凭借众人的全力支持。我如果有福，就会辞官回家，一定与弟弟竭力维持。老亲旧眷，贫贱族党，不可怠慢，对待贫穷的人，与对待富者一般。当兴盛之时，预作衰时之想。如果这样，我们家族自然会有深固的基础。”

他还说道：“各位弟弟比我小好多岁，你们不知道，你们看到各亲戚家都很贫穷，而我们家的境况还不错，以为本来就是这样，却不知道他们当初和我们家一样兴盛。我完全看到了他们兴盛时期的景象，再看看他们今天的凋零破败的局面，真让人伤感。”

曾国藩把世家划分为官宦、商贾、耕读、孝友之家四类，并分析他们之所以如上述绵延世代不同，都在乎一个字。第一种官宦之家，败在一个“骄”字上；第二种商贾之家，胜在一个“勤”字上；第三种耕读之家，得在一个“朴”字上，第四种孝友之家，胜在一个“孝”字上。曾国藩认为官位和金钱，生不带来，死不带去，都不如读书耕田长久。曾国藩终极一生，都对此保持着清醒的头脑。在给父母、兄弟、儿女们的家信中，反复强调的便是这两点。他不求子孙升官发财，甚至不求其早日成名，惟求子孙做“读书明理之君子”。

传统的中国知识分子中，凡有所成就的，大多出身于耕读之家。读书于自己，可以修身，可以养性，可以明志，可以通晓事理。读书于家人乡里，则可以教化民风，仁义施人。读书于国家民族，可以成礼仪之邦、文明之国。以知识兴国，以道德化人，可以天下大治、国泰民安。儒家主张的修身、养性、齐家、治国、平天下，都是以“格物致知”的读书学习为起点，足可见古人对读书的重视。

曾国藩本是个读书出身的人，对读书的认识很深，他觉得只有读书才是人生最好的出路，只有读书才能使人更通情达理，因此，他作为一个父亲，在家书中鼓励纪鸿“做个读书明理的君子”。曾国藩认为银钱田产，最容易滋长后人的骄气和惰气。家中一定不要累积钱财，不可以购买田产，只要努力读书，决不怕没有饭吃。曾国藩的愿望，在后辈中真正实现了，曾氏家族人才辈出，在科举结束前代代有举人秀才，名重一时。